Phasenstabilität, thermodynamische und mikromechanische Eigenschaften der metallischen Massivgläser Zr-Ti-Ni-Cu-Be und Au-Pb-Sb

vorgelegt von
Diplom-Physiker
Stephan G. Klose
aus München

Vom Fachbereich 6 - Verfahrenstechnik, Umwelttechnik, Werkstoffwissenschaften -
der Technischen Universität Berlin
zur Erlangung des akademischen Grades

Doktor - Ingenieur
- Dr.-Ing. -

genehmigte Dissertation

Promotionsausschuß:

Vorsitzender: Prof. Dr.-Ing. Winfried Reif

Berichter: Prof. Dr. rer. nat. Hans-Jörg Fec.

Prof. Dr.-Ing. Martin G. Frohberg

Tag der wissenschaftlichen Aussprache: 16. August 1995

Berlin 1995
D 83

Stephan G. Klose

Phasenstabilität, thermodynamische und mikromechanische Eigenschaften der metallischen Massivgläser Zr-Ti-Ni-Cu-Be und Au-Pb-Se

2., unveränderte Auflage

Ingenieurswissenschaften

Zugl.: Diss.,

D 83

Bibliografische Information der Deutschen Nationalbibliothek:
Die Deutsche Nationalbibliothek verzeichnet diese Publikation in der Deutschen Nationalbibliografie; detaillierte bibliografische Daten sind im Internet über http://dnb.d-nb.de abrufbar.

Dieses Werk ist urheberrechtlich geschützt.
Die dadurch begründeten Rechte, insbesondere die der Übersetzung, des Nachdrucks, der Entnahme von Abbildungen, der Wiedergabe auf foto-mechanischem oder ähnlichem Wege und der Speicherung in Datenverarbeitungsanlagen bleiben – auch bei nur auszugsweiser Verwendung – vorbehalten.

2., unveränderte Auflage (Erstauflage 1995)
frühere Ausgabe: ISBN 978-3-931327-87-3 (1995)

Copyright © utzverlag GmbH · 2022

ISBN 978-3-8316-8536-3

Printed in EU
utzverlag GmbH, München
www.utzverlag.de

Inhaltsverzeichnis

1. Einleitung..1

2. **Grundlagen zum Glasübergang**
2.1 **Allgemeines**...6
2.2 **Thermodynamik und Kinetik**
   2.2.1 Allgemeine Bemerkungen...11
   2.2.2 Freies-Volumen-Modell...13
   2.2.3 Gibbs-DiMarzio-Modell..16
   2.2.4 Modenkopplungstheorie..17
2.3 **Stabilitätskriterien**..20
2.4 **Kristallisation metallischer Schmelzen**
   2.4.1 Johnson-Mehl-Avrami-Gleichung.....................................24
   2.4.2 Keimbildung..26
   2.4.3 Grenzflächenenergie..28
   2.4.4 Keimwachstum..28
   2.4.5 Transiente Effekte..29
2.5 **Mechanische Eigenschaften metallischer Gläser**................................30

3. **Experimentdurchführung und Meßmethoden**
3.1 **Probenpräparation**
   3.1.1 $Zr_{41}Ti_{13}Ni_{10}Cu_{13}Be_{23}$-Legierungen.....................................35
   3.1.2 $Au_{53.2}Pb_{27.6}Sb_{19.2}$- und $Au_{54.2}Pb_{22.9}Sb_{22.9}$-Legierungen........36
3.2 **Meßmethoden**
   3.2.1 Thermische Analyse...37
   3.2.1.1 Messungen der heizratenabhängigen Glas- und Kristallisations-
          temperaturen..37
   3.2.1.2 Messungen der Wärmekapazität..38
   3.2.1.3 Isotherme Kristallisation...40
   3.2.2 Thermomechanische Meßverfahren....................................41
   3.2.2.1 Dilatometrie..42
   3.2.2.2 Kriechversuche...43
   3.2.2.3 Biegeversuche...44
   3.2.3 Härtemessungen...45
   3.2.4 Weitwinkel-Röntgenstreuung..45
   3.2.5 Rasterelektronenmikroskopie und Mikrosonde..................46

4.	**Experimentelle Ergebnisse**		
4.1	**Untersuchungsergebnisse für $Zr_{41}Ti_{13}Ni_{10}Cu_{13}Be_{23}$**		
	4.1.1	Allgemeines thermisches Verhalten..	47
	4.1.2	Heizratenabhängige Glastemperaturen...	49
	4.1.3	Entmischung in der unterkühlten Schmelze....................................	51
	4.1.4	Isothermes Kristallisationsverhalten...	55
	4.1.5	Isochrones Kristallisationsverhalten und Gefügeentwicklung.............	59
	4.1.6	Wärmekapazitätsmessungen und thermodynamische Potentiale...........	69
	4.1.7	Viskositätsmessungen..	73
	4.1.8	Thermische Ausdehnung..	79
	4.1.9	Mechanische Eigenschaften und Gefügestruktur	
	4.1.9.1	Temperaturabhängiger Elastizitätsmodul.......................................	83
	4.1.9.2	Elastizitätsmodule verschiedener Gefügezustände...........................	84
	4.1.9.3	Mikrohärten und Gefügestruktur...	85
4.2	**Untersuchungsergebnisse für $Au_{53.2}Pb_{27.6}Sb_{19.2}$ und $Au_{54.2}Pb_{22.9}Sb_{22.9}$**		
	4.2.1	Allgemeines thermisches Verhalten...	90
	4.2.2	Heizratenabhängige Glastemperaturen...	92
	4.2.3	Isothermes Kristallisationsverhalten...	93
	4.2.4	Wärmekapazitätsmessungen und thermodynamische Potentiale...........	96
	4.2.5	Viskositätsmessungen..	99
5.	**Diskussion**		
5.1	**Abschätzung der Grenzflächenenergien bei $Zr_{41}Ti_{13}Ni_{10}Cu_{13}Be_{23}$**.......		104
5.2	**Glasbildungsfähigkeit metallischer Schmelzen,**		
	Stabilitätsüberlegungen..		111
5.3	**„Starke" und „schwache" Gläser**...		121
6.	**Zusammenfassung und Ausblick**...		133

Literaturverzeichnis.. 136

Verzeichnis der wichtigsten verwendeten Abkürzungen............................. 143

1. Einleitung

Glasbildung, d.h. der Erstarrungsvorgang während der Abkühlung einer flüssigen Schmelze in den Glaszustand, ist ein seit etwa 4000 Jahren bekanntes und ein vielseitig untersuchtes, aber bislang noch nicht eindeutig geklärtes Phänomen. Glasbildung findet man in Materialien unterschiedlichster zwischenmolekularer bzw. zwischenatomarer Bindungsarten. Dazu zählen van-der-Waals gebundene Systeme (ortho-Terphenyl,...), Wasserstoffbrücken gebundene Systeme, (H_2O,...), kovalent (Selen, SiO_2,...), ionisch (KNO_3-$Ca(No_3)$,...) und metallisch gebundene Systeme (NiZr,...) [1, 2]. Für den Werkstoffwissenschaftler stellt sich bei Gläsern hauptsächlich die Frage nach besonderen Eigenschaften und der Anwendung amorpher Werkstoffe. Im Rahmen dieser Arbeit liegt der Schwerpunkt bei metallischen glasbildenden Legierungen. Metallische Gläser wurden 1959 am California Institute of Technology (Caltech) in der Arbeitsgruppe von P. Duwez am Beispiel Au-Si entdeckt und sind seitdem Gegenstand intensiver Forschungsarbeit [3]. Diese erste Generation metallischer Gläser erforderte relativ hohe Abkühlgeschwindigkeiten im Bereich von etwa $10^6K/s$. Die Herstellung von Materialproben war deshalb auf dünne Bänder und Folien beschränkt. Ende der achtziger Jahre wurde eine neue Materialklasse in Japan in der Gruppe um T. Masumoto und A. Inoue an der Tohoku Universität, Sendai, entdeckt. Diese La-, Mg- und Zr-Basislegierungen sind durch eine außerordentlich gute Glasbildungsfähigkeit mit kritischen Abkühlraten von 10^2-$10^3K/s$ gekennzeichnet [4]. Durch den Einsatz geeigneter Gießtechniken sind bei dieser Materialklasse Probendicken einiger mm und Probenlängen mehrerer cm möglich. Das bisher stabilste, rein metallische glasbildende Legierungssystem $Zr_{41.2}Ti_{13.8}Ni_{10.0}Cu_{12.5}Be_{22.5}$ wurde wiederum vom Caltech (1993) in der Arbeitsgruppe um W.L. Johnson mit einer kritischen Abkühlrate von 1K/s entwickelt [5]. Die geringe Abkühlrate erlaubt die Herstellung von scheibenförmigen Rohlingen des Durchmessers von 20cm bei einer Dicke von 2cm.

Diese neue Klasse von metallischen Gläsern (engl.: „bulk metallic glasses", hier: metallische Massivgläser) ist im Bereich der hochunterkühlten Schmelze über ein breites Temperaturintervall stabil gegen Kristallisation. Dies eröffnet zum einen die Möglichkeit zu einer Vielzahl von experimentellen Untersuchungen bei Temperaturen der unterkühlten Schmelze oberhalb der Glastemperatur. Dadurch sind wesentliche Fortschritte zum Verständnis des Glasüberganges und der Stabilität metallischer Gläser gegen Kristallisation möglich. Zum anderen ist die Untersuchung und das Verständnis der Kristallisation hochunterkühlter metallischer Schmelzen von größter Wichtigkeit, denn die sich entwickelnde Gefügestruktur bestimmt die endgültigen Eigenschaften eines zukünftigen Werkstoffes. Abbildung 1.1 soll die Entwicklungstendenz der metallischen Gläser verdeutlichen. Hier ist die kritische Abkühlrate einer metallischen Schmelze in den Glaszustand über der Anzahl der metallischen Legierungspartner aufgetragen.

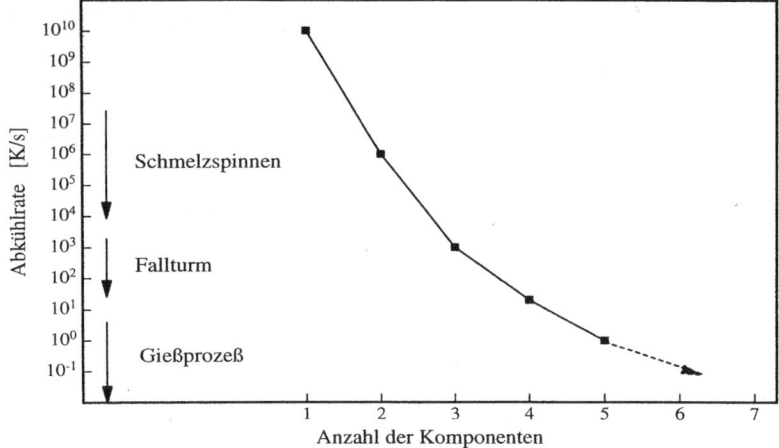

Abb. 1.1: Kritische Abkühlraten von metallischen Schmelzen in den Glaszustand in Abhängigkeit der Anzahl der Legierungskomponenten.

In Abbildung 1.1 wird die enge Verknüpfung zwischen der Anzahl der Legierungskomponenten und der Fähigkeit einer Schmelze, ein Glas zu bilden, deutlich. Während für reine Elemente kritische Abkühlraten von etwa 10^{10}K/s nötig sind, verringern sich die notwendigen Abkühlgeschwindigkeiten mit jeder zusätzlichen Legierungskomponente. Bei binären metallischen Systemen (z.B. Ni-Zr) sind Abkühlraten von 10^6K/s technisch mit verschiedenen Schmelzspinnverfahren gut erreichbar. Bestimmte ternäre Systeme (z.B. Au-Pb-Sb) erstarren bereits bei Fallturmexperimenten und Abkühlraten von 10^3K/s als Glas [6]. Für metallische Massivgläser mit bis zu fünf Komponenten (z.B. $Zr_{41.2}Ti_{13.8}Ni_{10.0}Cu_{12.5}Be_{22.5}$) verringern sich die Raten auf 1K/s, die im Bereich herkömmlicher Gießprozesse liegen. Ein qualitatives Erklärungsmodell für die Verringerung der zugehörigen Abkühlraten ist das von Desré formulierte „Konfusionsprinzip" [7, 8]. Die Bildung kritischer Keime beruht auf Fluktuationen in der Schmelze, d.h. auf lokalen Konzentrationsänderungen der Legierungspartner. Diese Fluktuationen werden kinetisch durch Diffusionsprozesse kontrolliert. Das Hinzufügen zusätzlicher Komponenten erschwert die Keimbildung. Jeder zusätzliche Legierungspartner verringert die Wahrscheinlichkeit zur Bildung eines kritischen Keimes um etwa eine Zehnerpotenz [8].

Die drastische Verringerung kritischer Abkühlraten ist äquivalent mit der Herstellung immer massiverer metallischer Gläser. Da die kritische Abkühlrate und damit die maximal erreichbare Probendicke stark von der thermischen Leitfähigkeit der Schmelze abhängen, erlauben mehrkomponentige Massivgläser nicht nur die Herstellung dünner Bänder, sondern die technologisch interessantere Produktion von Rohlingen des Durchmessers einiger cm. In der Abbildung 1.2 sind entsprechende Rohlinge des Massivglases $Zr_{41}Ti_{13}Ni_{10}Cu_{13}Be_{23}$ in verschiedenen Größen und unterschiedlicher Herstellungsprozesse zur Illustration gezeigt [5].

Abb. 1.2: Rohlinge des Massivglases $Zr_{41}Ti_{13}Ni_{10}Cu_{13}Be_{23}$ in verschiedenen Geometrien [5].

Die Herstellung von größeren Materialproben aus metallischen Massivgläsern, wie in Abbildung 1.2 gezeigt, eröffnet technologische Anwendungsmöglichkeiten, die mit metallischen Gläsern in der Form dünner Bänder und Folien niemals erreichbar sind. Zudem sind durch geeignete Wärmebehandlungen von Massivgläsern nanokristalline Gefügezustände einstellbar, die auch neue Einsatzmöglichkeiten für kristalline Materialien eröffnen.

Der Schwerpunkt dieser Arbeit liegt deshalb auf der Charakterisierung des metallischen Massivglases $Zr_{41}Ti_{13}Ni_{10}Cu_{13}Be_{23}$. Vergleichend wird das ternäre glasbildende metallische Legierungssystem Au-Pb-Sb vorgestellt, das bei Fallturmexperimenten und Probengrößen einiger mm als metallisches Glas erstarrt [6].

In dieser Arbeit werden thermodynamische (Wärmekapazität, Kristallisationsverhalten), thermomechanische (Viskosität, thermische Ausdehnung), kinetische (heizratenabhängige Glastemperaturen) und mechanische Messungen (Mikrohärte, Elastizitätsmodul), sowie Gefügeuntersuchungen (Rasterelektronenmikroskop, REM) vorgestellt und unter besonderer Berücksichtigung der Glasbildung diskutiert.

Einführend wird im zweiten Kapitel der vorliegenden Arbeit der Glasübergang phänomenologisch beschrieben. Die nachfolgenden Abschnitte des Kapitels sollen exemplarisch aufzeigen, welche physikalischen Eigenschaften sich am Glasübergang meßbar ändern und welche Bedeutung sie für ein prinzipielles Verständnis des Glasüberganges haben. Anschließend folgen eine kurze Darstellung thermodynamischer Überlegungen, verschiedene Modellvorstellungen und Stabilitätskriterien zur Beschreibung der Natur des Glasüberganges. Der Abschnitt zum Kristallisationsverhalten metallischer Gläser soll verdeutlichen, welche grundlegende Bedeutung die in dieser Arbeit untersuchten thermodynamischen und thermomechanischen Eigenschaften für die Glasbildung und Stabilität metallischer Gläser haben. Zusätzlich wird ein kurzer Überblick über die mechanischen Eigenschaften metallischer Gläser gegeben.

Das dritte Kapitel befaßt sich mit der Probenpräparation der $Zr_{41}Ti_{13}Ni_{10}Cu_{13}Be_{23}$-Massivgläser, der Au-Pb-Sb-Gläser und der jeweiligen Methodik zur Messung der untersuchten Materialeigenschaften, soweit es sich nicht um Standardverfahren handelt.

Im vierten Kapitel werden die Meßergebnisse für die Legierungssysteme $Zr_{41}Ti_{13}Ni_{10}Cu_{13}Be_{23}$ und Au-Pb-Sb vorgestellt.

Im fünften Kapitel folgt die Abschätzung von Grenzflächenenergien für $Zr_{41}Ti_{13}Ni_{10}Cu_{13}Be_{23}$ auf der Basis von Kristallisationsmessungen und den thermodynamischen Meßdaten. Die Bedeutung und der Einfluß der thermodynamischen Eigenschaften metallischer glasbildender Schmelzen, insbesondere von Massivgläsern im Vergleich zu reinen Metallen, werden anschließend für die Glasbildung und Kristallisation diskutiert. Es folgen Abschätzungen zu den charakteristischen Relaxationszeiten in unterkühlten Schmelzen und die damit verbundene Einordnung der untersuchten Systeme in ein allgemeines Schema. Den Abschluß bilden Überlegungen zu den Modellvorstellungen des Glasüberganges und die Abschätzung des Prigogine-Defay-Quotienten.

Das Schlußkapitel dieser Arbeit faßt die experimentellen Ergebnisse und die daraus abgeleiteten Folgerungen zusammen und gibt einen Ausblick auf jüngste Entwicklungen und industrielle Anwendungen metallischer Massivgläser und nanokristalliner metallischer Werkstoffe.

2. Grundlagen zum Glasübergang

2.1 Allgemeines

Unter dem Glasübergang versteht man allgemein den Erstarrungsvorgang einer flüssigen Schmelze in einen starren Festkörperzustand bei genügend schneller Abkühlung. Dabei unterscheidet sich der Glaszustand vom entsprechenden thermodynamisch stabilen kristallinen Zustand durch das Fehlen der atomaren langreichweitigen Ordnung und der Translationssymmetrie des Kristalles. In Streuexperimenten zur Untersuchung atomarer Strukturen von Festkörpern wird dieser Unterschied besonders deutlich.

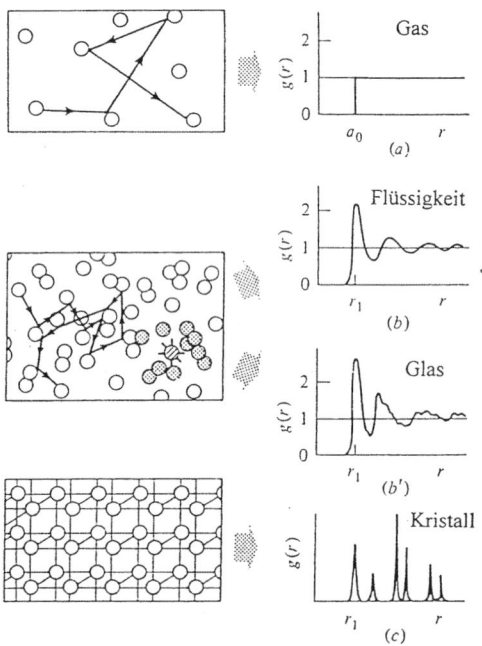

Abb. 2.1:   Atomare Strukturen und die aus Streuexperimenten abgeleiteten zugehörigen Paarverteilungsfunktionen g(r) von Gasen (a), Flüssigkeiten (b), Gläsern (b') und kristallinen Festkörpern (c).

Abbildung 2.1 zeigt zum Vergleich den mikrostrukturellen Zustand (atomare Verteilung) eines Gases (a), einer Flüssigkeit (b), eines Glases (b') und eines kristallinen Festkörpers (c) mit den entsprechenden zugehörigen Paarverteilungsfunktionen g(r) [9]. Die Paarverteilungsfunktion gibt die Zahl der Nachbaratome an, die sich innnerhalb eines bestimmten Abstandes r eines beliebigen Atomes befinden. Während bei Gasen die Paarverteilungsfunktionen konstante Funktionen mit dem Zahlenwert eins (oberhalb des Teilchenradius a_0) sind, zeigen sich bei Flüssigkeiten bzw. Gläsern mit wachsendem Abstand ausgeprägte Modulationen mit abklingenden Amplituden gegen den konstanten Wert eins. D.h. in einem Gas ist die Wahrscheinlichkeit, ein Nachbaratom zu treffen, in jedem Abstand konstant gleich eins. In einer Flüssigkeit bzw. einem Glas gibt es dagegen Abstände mit einer erhöhten Wahrscheinlichkeit, ein Nachbaratom zu treffen. Dies ist ein eindeutiger Hinweis auf strukturelle Nahordnung in Flüssigkeiten und Gläsern. Die zeitliche Mittelung über den Ort der atomaren Streuzentren aufgrund der starken thermischen Bewegung der Flüssigkeitsteilchen (Pfeile) läßt die Paarverteilungsfunktion im Vergleich zum eingefrorenen Glaszustand glatter aussehen. Zusätzliche Fernordnung und Translationssymmetrie im Kristall führt zu scharfen Reflexen in den Paarverteilungsfunktionen kristalliner Zustände. Diese Reflexe entsprechen genau den wohldefinierten Positionen der Atome im Kristallgitter (Nächste-Nachbar-Abstände). Gitterschwingungen im Glaszustand und Kristall sind hier im Vergleich zur thermischen Bewegung in Flüssigkeit und Gas vernachlässigt.

Als amorph bezeichnet man Materialien, die keine langreichweitige Ordnung besitzen. Ein Glas kann als amorpher Festkörper bezeichnet werden, der zusätzlich einen (endothermen) Glasübergang bei der zugehörigen Glasübergangstemperatur T_g zeigt [1]. Den Glasübergang kann man sowohl beim Aufheizen aus dem Glaszustand, als auch beim Abkühlen aus der Schmelze bei der Glasübergangstemperatur beobachten. Die Glasübergangstemperatur verschiebt sich mit höherer/niedrigerer Abkühlrate (Aufheizrate) zu höheren/niedrigeren Temperaturen. Ob ein Material als Glas erstarrt oder kristallisiert, hängt im allgemeinen von der Abkühlgeschwindigkeit der Schmelze ab. Die Abkühlung muß daher ausreichend schnell erfolgen, so daß Keimbildung und anschließendes Keimwachstum unterdrückt werden. Im Prinzip kann jede Schmelze, ob monomolekular/-atomar oder polymolekular/-atomar, bei geeigneter Kühlrate als Glas erstarren [1, 10]. Dies wirft automatisch die Frage nach der Stabilität von unterkühlten Schmelzen gegen Kristallisation auf, und welche Faktoren die Glasbildung begünstigen. Dazu sei in der Literatur auf eine Vielzahl von Arbeiten zu metallischen Systemen verwiesen und auf die Diskussion der experimentellen Daten der Wärmekapazitäten und zur Keimbildung bei $Zr_{41}Ti_{13}Ni_{10}Cu_{13}Be_{23}$- und Au-Pb-Sb-Legierungen im vierten und fünften Kapitel [1, 2, 11-20].

Bei Annäherung an die Glastemperatur ändern sich eine Reihe von Materialeigenschaften in einer für den Glasübergang typischen Weise wie in den Abbildungen 2.2, 2.3 und 2.4 gezeigt [1, 10, 11, 21, 22].

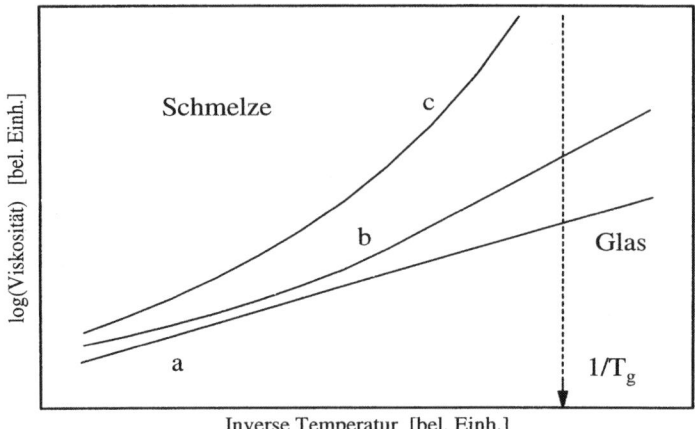

Abb. 2.2: Schematische Darstellung der Viskosität unterkühlter Schmelzen am Glasübergang, a: Arrhenius-Verhalten, b: Mischverhalten, c: Vogel-Fulcher-Verhalten

Die Viskosität (Abbildung 2.2, Auftragung nach Arrhenius, $\log\eta$ über $1/T$) hat im Bereich der Schmelztemperatur einen typischen Wert von 10^{-3}Pa·s und steigt mit abnehmender Temperatur kontinuierlich an, um bei T_g im Falle von metallischen Gläsern einen Wert von etwa 10^{12}Pa·s zu erreichen [2]. H. Cohen und G.S. Grest [21] unterscheiden drei unterschiedliche experimentell beobachtbare Temperaturverhalten der Viskosität von Gläsern. Reines Arrheniusverhalten (Kurve a, z.B. SiO_2, GeO_2), Verhalten nach Vogel-Fulcher [23, 24] (Kurve c) mit Divergenz bei Annäherung an die Glastemperatur und ein Mischverhalten (Kurve b). Analog zur Viskosität verhalten sich typische Relaxationszeiten in Schmelzen. D.h. mit zunehmender Annäherung an die Glastemperatur wachsen die (strukturellen) Relaxationszeiten an, so daß die Flüssigkeit zu einem (metastabilen) Glas „einfriert".

Beim Abkühlen einer Schmelze wird mit dem Einfriervorgang bei T_g freies Volumen im Glas eingefroren, abhängig von der Abkühlrate. Dies ist äquivalent mit einer Änderung der Steigung (thermischer Ausdehnungskoeffizient) der Kurve des molaren Volumens V (Dichte) bei T_g wie in Abbildung 2.3 gezeigt. Isothermes Halten und eine damit verbundene Relaxation des Glases führt zu einer Volumenschrumpfung (Ausfrieren freien Volumens). Beim Aufheizen aus dem Glaszustand einer Probe kommt man auf den ursprünglichen Volumenwert der Schmelze zurück. Der gestrichelt eingezeichnete schematische Kurvenverlauf bezeichnet das Volumen der vollständig relaxierten Schmelze.

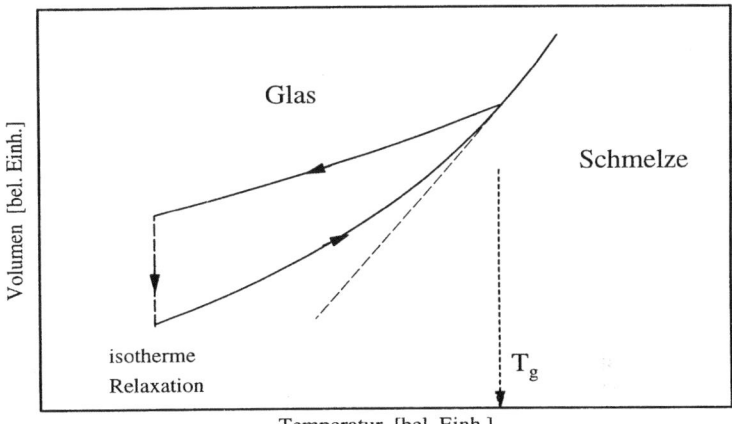

Abb. 2.3:   Schematische Darstellung des Volumens unterkühlter Schmelzen am Glasübergang während eines Aufheiz- und nachfolgenden Abkühlvorganges, sowie isothermer Relaxation.

Auch der Verlauf der Wärmekapazität c_p im Bereich der Glastemperatur in Abbildung 2.4 zeigt im Aufheiz- und Abkühlverhalten ein markantes, typisches Profil.

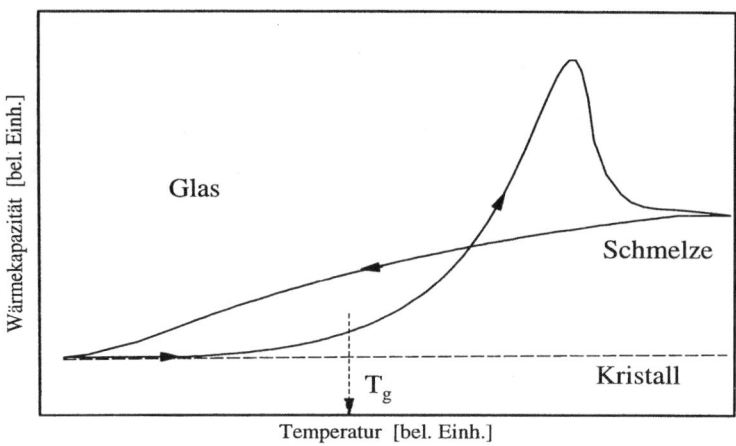

Abb. 2.4: Schematische Darstellung der Wärmekapazität unterkühlter Schmelzen am Glasübergang während des Abkühlens der Schmelze und des nachfolgenden Aufheizens des Glases.

Beim Abkühlen aus der Schmelze in das Glas fällt c_p langsam auf einen Wert ab, der dem Temperaturverlauf der Wärmekapazität der entsprechenden kristallinen Phase sehr ähnlich ist. Beim Aufheizen aus dem Glas mit gleicher Rate zeigt sich jedoch oft ein „Überschießen" des c_p-Wertes beim Überschreiten der Glastemperatur und ein anschließendes Einmünden in den c_p-Wert der unterkühlten Schmelze. Das Überschießen ist abhängig von der chemischen Zusammensetzung des Materials und dem Relaxationszustand des Glases.

2.2 Thermodynamik und Kinetik

2.2.1 Allgemeine Bemerkungen

Phasenübergänge werden nach Landau allgemein durch die Einführung eines besonders geeigneten Parameters quantitativ beschrieben, dem Ordnungsparameter [25]. Die Definition des Ordnungsparameters ist so gewählt, daß er beim Durchlaufen des Phasenüberganges Null wird und dabei sein Vorzeichen ändert (z.B. Ferromagnetismus mit der zugehörigen Magnetisierung als Ordnungsparameter). In der Nähe des kritischen Koexistenzpunktes kann er deshalb als Entwicklungsparameter für die Gibbssche Freie Enthalpie dienen [25-27]. Zwei wichtige Fragen bei der Diskussion des Glasüberganges sind deshalb der zugrundeliegende Ordnungsparameter und die Ordnung des Phasenüberganges. Die Ordnung des Phasenüberganges wird nach Ehrenfest über die Gibbssche Freie Enthalpie definiert. Der Stetigkeit der partiellen Ableitungen der Gibbsschen Freien Enthalpie nach den Zustandsvariablen (Teilchenzahl, Temperatur, Druck, Magnetfeld,...) bestimmen die Ordnung des Phasenüberganges [26, 28]. Bei Phasenübergängen erster Ordnung ist die erste Ableitung der Gibbsschen Freien Enthalpie unstetig (z.B. die Entropie $S=-\partial G/\partial T$), Phasenübergänge zweiter bzw. n-ter Ordnung zeigen bei der zweiten bzw. n-ten Ableitung eine Unstetigkeit (z.B. die spezifische Wärmekapazität $c_p=-T(\partial^2 G/\partial T^2)$ bei zweiter Ordnung).

Eine eindeutige experimentelle und theoretische Klärung der Frage nach dem Ordnungsparameter steht bisher noch aus. Theoretische Arbeiten und Meßergebnisse am Glasübergang deuten entweder auf einen Übergang erster Ordnung (Freies-Volumen-Modell, Unstetigkeit der Entropie) [21], zweiter Ordnung (Konfigurationsentropie-Modell, Entropie stetig, Unstetigkeit der spezifischen Wärmekapazität) [29, 30], dritter Ordnung (Ableitung der spezifischen Wärmekapazität unstetig) [31] oder einen kinetischen Einfriervorgang [32] hin. Ein kinetischer Einfriervorgang schließt die Möglichkeit eines Phasenüberganges aus.

Am Glasübergang lassen sich aus den Maxwellrelationen zwei allgemeingültige thermodynamische Beziehungen unter der Annahme eines Phasenüberganges zweiter Ordnung ableiten [10]. Gleichung 2.1 gilt unter der Annahme eines kontinuierlichen Entropieverlaufes und beschreibt die Druckabhängigkeit des Glasübergangs als Funktion des molaren Volumens

V, der Temperatur T, der Änderung des isothermen Volumenausdehnungskoeffizienten $\Delta\alpha_T$ und des Sprunges der Wärmekapazität Δc_p bei T_g.

$$\frac{dT_g}{dp} = TV\frac{\Delta\alpha_T}{\Delta c_p} \qquad 2.1$$

$$\frac{dT_g}{dp} = \frac{\Delta\kappa_T}{\Delta\alpha_T} \qquad 2.2$$

Gleichung 2.2 gilt unter der Annahme eines kontinuierlichen Volumenverlaufes und beschreibt die Druckabhängigkeit als Quotient der Differenz der isothermen Kompressibilität $\Delta\kappa_T$ und $\Delta\alpha_T$.

Gleichungen 2.1 und 2.2 sind in der Literatur als Ehrenfestsche Gleichungen bekannt und können zum Prigogine-Defay-Verhältnis R in Gleichung 2.3 zusammengefaßt werden [1, 10, 33].

$$R = \frac{\Delta\kappa_T \Delta c_p}{TV\Delta\alpha_T^2} \qquad 2.3$$

Nach dieser Klassifizierung ist für Phasenübergänge, die mit einem einzigen Ordnungsparameter vollständig quantitativ beschrieben werden können, das Verhältnis R=1 [10]. Bei Gläsern liegt R typischerweise zwischen 2 und 5. Dies kann als ein Hinweis gedeutet werden, daß ein einziger Parameter nicht ausreicht, um den Glasübergang vollständig zu beschreiben. Der Prigogine-Defay-Quotient verdeutlicht allerdings, welche prinzipielle Bedeutung die Wärmekapazität, das Volumen, der thermische Ausdehnungskoeffizient α_T und die Kompressibilität κ_T unterkühlter Schmelzen und Gläser haben.

Dabei ist die Kompressibilität über den Elastizitätsmodul E mit der Poissonzahl ν nach Gleichung 2.4 einfach zu berechnen [34].

$$\kappa_T = \frac{3(1-2\nu)}{E} \qquad 2.4$$

2.2.2 Freies-Volumen-Modell

Das Freie-Volumen-Modell beschreibt den Glasübergang als Phasenübergang erster Ordnung [21]. Eine Modellvorstellung, basierend auf dem freien Volumen in Flüssigkeiten, wurde ursprünglich von Eyring und Hirai zur quantitativen Beschreibung des Verhaltens organischer Verbindungen entwickelt [35-37]. Es sollte dazu dienen, die Wärmekapazität, den thermischen (linearen) Ausdehnungskoeffizienten, die Viskosität etc. organischer Flüssigkeiten rechnerisch behandeln zu können. Cohen und Turnbull verwendeten diesen Ansatz zu ihrer Vorhersage des Glasüberganges bei genügend schnellem Abschrecken einer Schmelze in einen glasartigen, eingefrorenen Zustand [38]. Mit der Entdeckung metallischer Gläser und zunehmendem Interesse an der Glasbildung metallischer Systeme wurde das Löchermodell auch erfolgreich auf diese Systeme angewendet. Die Relevanz dieses Modells liegt darin, daß es bei Kenntnis der Modellparameter verschiedene Größen (Viskosität, Wärmekapazität und abgeleitete Größen, Wärmeausdehnung, Kompressibilität) gleichzeitig vorhersagt.

Das „freie Volumen" kann auf verschiedene Arten definiert werden. Die erste Definition geht von der temperaturabhängigen Differenz des gemessenen Volumens und der Summe der van-der-Waals-Volumina der einzelnen Moleküle aus [39], die zweite Definition bezieht das freie Volumen auf ein fiktives Referenzvolumen der Flüssigkeit bei T=0K [39]. Dieses Referenzvolumen kann durch den thermischen Ausdehnungskoeffizienten abgeschätzt werden. Im dritten Fall handelt es sich um ein temperaturabhängiges Fluktuationsvolumen, das ein Molekül um seine Gleichgewichtslage, d.h. seinen Schwingungsschwerpunkt herum einnimmt. In der vorliegenden Arbeit beziehen sich die vorgestellten Formulierungen des Modells auf die zweite Definition mit dem T=0K Referenzvolumen.

Die mikroskopische Bedeutung des freien Volumens liegt darin, daß es im Zusammenhang mit atomaren Transportprozessen (Viskosität und Diffusion) erlaubt, makroskopische Größen wie die thermische Ausdehnung und Kompressibilität zu beschreiben. Zusätzliches freies Volumen kann nur durch einen Energiebeitrag erzeugt werden.

Die quantitative Ableitung des freien Volumens (Anzahl der Löcher) beruht auf energetischen Überlegungen, d.h. einer Minimierung der molaren Gibbsschen Freien Enthalpie $\Delta G = \Delta E - T\Delta S + p\Delta V$ in Abhängigkeit der Lochbildungsparameter. ΔE ist die Änderung der inneren Energie durch die Schaffung von Löchern mit der atomaren Bildungsenergie e_h und des atomaren Volumens v_h mit der zugehörigen Ausdehnungsarbeit $p\Delta V$. ΔS ist die Änderung der Entropie aufgrund der Mischung der Moleküle mit den neu gebildeten Löchern (Konfigurationsentropie). Die Lochbildungsenergie e_h und das Lochvolumen v_h werden dabei als konstant und temperaturunabhängig angenommen. Das Lochvolumen ist i.a. kleiner als das Volumen eines Atoms/Moleküls v_a in der Schmelze (Volumenverhältnis $n=v_a/v_h$). Lochvolumen und Lochbildungsenergie sind die einzigen freien Parameter in diesem Modell. Für den Volumenanteil der Löcher g(T) gilt [39-42]:

$$g(T) = \exp\left[\frac{-e_h - p v_h}{k_B T} - \left(1 - \frac{1}{n}\right)\right] \qquad 2.5$$

k_B bezeichnet die Boltzmann-Konstante. Für die Differenz der molaren Wärmekapazitäten von Schmelze und der kristallinen Gleichgewichtsphase gilt:

$$\Delta c_p(T) = nR\left(\frac{e_h}{k_B T}\right)^2 g(T) \qquad 2.6$$

R ist die Gaskonstante. Mithilfe der Daten zur Wärmekapazitätsdifferenz können, wie im nachfolgenden Abschnitt gezeigt, durch Integration die zugehörigen Entropie-, Enthalpie- und Gibbssche Freie Enthalpiedifferenzen berechnet werden.
Mit steigender Temperatur ist die Bildung neuer Löcher und damit ein Beitrag zum thermischen Ausdehnungskoeffizienten $\alpha_T(T)$ nach Gleichung 2.7 verbunden:

$$\alpha_T(T) = \frac{1}{V}\frac{\partial V}{\partial T} \qquad mit \qquad \alpha_T(T) = \alpha_0 + \left(\frac{e_h}{k_B T^2}\right)\frac{g(T)}{1-g(T)} \qquad 2.7$$

α_0 beschreibt den Volumenbeitrag der Atome.
Über den Doolittle-Ansatz nach Gleichung 2.8 zur Viskosität $\eta(T)$ [43] und einen Ausdruck für das temperaturabhängige freie Volumenverhältnis f_T [44] kann ein Zusammenhang zwischen der

$$\eta(T) = A\exp\left(\frac{B}{f_T}\right) \qquad mit \qquad f_T = \frac{g(T)-g_0}{1-g(T)} \qquad 2.8$$

Differenz der Enthalpien zwischen unterkühlter Schmelzen und Kristall ($\Delta H(T) - \Delta H(T_{\Delta S=0})$) und der Viskosität hergestellt werden. g_0 bezeichnet das entsprechende Volumenverhältnis bei der extrapolierten Temperatur, bei der die Entropien von Schmelze und Kristall gleich wären (d.h. $\Delta S = S^l - S^x = 0$, $T_{\Delta S=0}$ siehe auch Abschnitt 2.3).

Einsetzen der Ausdrücke für g(T) liefert:

$$\ln \eta(T) = \ln A + \frac{ne_h B}{\Delta H(T) - \Delta H(T_{\Delta S=0})} \qquad 2.9$$

A und B sind freie (Material-) Parameter, die an Meßdaten der Viskosität unterkühlter Schmelzen angepaßt werden können.

Die bisher theoretisch am weitesten entwickelte Freie-Volumen-Theorie stammt von Cohen und Grest [21] und beinhaltet als Kernpunkt die Behandlung der kommunalen Entropie als Perkolationsproblem. Unter der kommunalen Entropie wird hier der Entropiebeitrag aufgrund der Beweglichkeit der Atome in der Schmelze im Gegensatz zum eingefrorenen Glaszustand definiert. Sie basiert auf der Annahme (i) eines lokalen Volumens v für jedes einzelne Molekül mit Volumen v_m. Dieses kann als freies Volumen angesehen werden, sobald ein kritischer Wert v_c überschritten wird (ii) und ist ohne Aktivierungsenergie im Gesamtvolumen umverteilbar (iii). Transportvorgänge können nur dann stattfinden, wenn sich Löcher bilden, die ein kritisches Volumen v* erreichen (iv). Dieses kritische Volumen v* entspricht ungefähr dem Volumen eines einzelnen Moleküls. Computersimulationen [21 mit Referenzen] zeigen, daß innerhalb einer Flüssigkeit statistische, käfigartige Strukturen existieren, deren Lebensdauer mit zunehmender Unterkühlung gleichfalls zunehmen. Diese Zellen können entweder als flüssig-ähnliche Zellen oder festkörper-ähnliche Zellen klassifiziert werden, je nachdem, ob das freie Volumen v größer als das kritische freie Volumen v_c oder kleiner ist. Der Anteil p der flüssig-ähnlichen Zellen am Gesamtvolumen wird durch die Wahrscheinlichkeit P(v) beschrieben, daß die Zelle ein Volumen $v > v_c$ hat. Ist der Anteil der flüssig-ähnlichen Zellen größer als ein kritischer Wert $p > p_c$, spricht man von einer Flüssigkeit oder Schmelze, ist der Anteil kleiner $p < p_c$, spricht man von einem Glas.

Die Gibbssche Freie Enthalpie G=H-TS des Systems wird bei Umverteilung des freien Volumens nur durch den Beitrag der kommunalen Entropie beeinflußt, denn nach (iii) ist damit kein Energiebeitrag verbunden. Die Umverteilung stellt ein Perkolationsproblem dar. Die

Lösung liefert die zugehörige Gleichgewichtsentropie zur Berechnung der Wahrscheinlichkeitsverteilung P(v) mit der Näherung eines mittleren Feldes (engl.: „mean field calculation"). Die Ordnung des Phasenübergangs hängt kritisch von der Steigung der kommunalen Entropie $\partial S_c/\partial p$, d.h. der Ableitung nach dem Anteil p der flüssig-ähnlichen Zellen und dem Wert eines charakteristischen Exponenten ab. Der Übergang ist im Normalfall erster Ordnung. Der Anteil p der flüssig-ähnlichen Zellen ändert sich bei der kritischen Temperatur T_c unstetig. Für die Temperaturabhängigkeit der Viskosität η erhält man mithilfe des freien Volumens:

$$\log_{10}\eta = A + \frac{2v_m \zeta_0 \log_{10} e}{T - T_0 + \sqrt{(T-T_0)^2 + 4v_a \zeta_0 T}} \qquad 2.10$$

ζ_0 ist ein Skalierungsfaktor des Potentialverlaufes zur Bildung freien Volumens, v_a identifiziert man mit dem mittleren Volumen einer flüssig-ähnlichen Zelle, v_m mit einem mittleren Lochvolumen. Nach einer Auswertung realer Meßdaten können aus den anzupassenden Parametern wichtige Schlüsse auf das Viskositätsverhalten der Schmelze gezogen werden, beispielsweise bezüglich der Größe flüssig-ähnlicher Zellen.

2.2.3 Gibbs-DiMarzio-Modell

Das Konfigurationsentropie-Modell für Schmelzen beschreibt den Glasübergang als Phasenübergang zweiter Ordnung, mit stetigem Entropieverlauf und unstetigem Verlauf der Wärmekapazität [29, 30]. Dieser thermodynamische Ansatz, basierend auf einer statistischen Quasigittertheorie zur Erklärung des Glasüberganges unter Einbeziehung der sogenannten Konfigurationsentropie, stammt von Gibbs und DiMarzio. Er wurde ursprünglich für Polymere abgeleitet [30]. Als Konfigurationsentropie S_c ist in diesem Modell der Entropiebeitrag der verschiedenen thermodynamisch zugänglichen Zustände in der Schmelze definiert. Dieser Entropiebeitrag wird oft der gesamten Entropiedifferenz zwischen Schmelze und Kristall gleichgesetzt [45]. Mit abnehmender Temperatur und dem damit verbundenen Verschwinden der Konfigurationsentropie, d.h. der topologischen Überschußentropie der Schmelze, findet bei der Glastemperatur T_g ein Phasenübergang zweiter Ordnung statt.

Eine Formulierung des Konfigurationsentropie-Modells zur temperaturabhängigen Beschreibung der Relaxationszeiten in glasbildenden Schmelzen von Adam und Gibbs stellt einen direkten Zusammenhang zwischen den Relaxationszeiten bzw. Viskosität der Schmelze und Entropie über die Beziehung nach Gleichung 2.11 her [29]. Mit zunehmender Unterkühlung der Schmelze verringert sich in diesem Modell die Konfigurationsentropie $S_c(T)$, und das zugehörige Korrelationsvolumen divergiert. Die Zahl der zugänglichen Zustände im Phasenraum verringert sich drastisch (Nicht-Ergodizität) und führt bei Relaxationsprozessen dazu, daß die zugehörigen Zeitkonstanten divergieren [18]. Für die Viskosität kann in diesem Fall gefolgert werden [46]:

$$\eta(T) = A \exp\left(\frac{B}{S_c(T)T}\right) \qquad 2.11$$

A und B sind zugehörige Materialkonstanten. Das Adam-Gibbs-Modell für die Temperaturabhängigkeit der Relaxationszeiten ist unter der Annahme konstanter Entropiedifferenz zwischen Kristall und Schmelze identisch mit der Williams-Landel-Ferry-Gleichung (WLF-Gleichung) [29, 47, 48]. Diese empirische Gleichung beinhaltet eine temperaturabhängige Skalierung der Relaxationszeiten $\Gamma(T)$ (bzw. der Viskosität) und lautet auf den Glasübergang und Polymere übertragen:

$$-\log\frac{\Gamma(T)}{\Gamma(T_g)} = \frac{17.44\,(T-T_g)}{51.6+(T-T_g)} \qquad 2.12$$

2.2.4 Modenkopplungstheorie

Zur rein kinetischen Beschreibung des Glasüberganges wurden in jüngerer Zeit auch Modenkopplungstheorien herangezogen [49, 50]. Diese führen u.a. zu Voraussagen des Temperaturverhaltens der Viskosität und der Relaxationszeiten in einem relativ engen Temperaturintervall der unterkühlten Schmelze. Die Temperaturabhängigkeiten und Divergenzen bei der Annäherung an die Glastemperatur T_g werden durch Potenzgesetze und charakteristische Exponenten beschrieben.

Für die Viskosität η(T) gilt beispielsweise:

$$\eta(T) = \eta_0 \left(\frac{T}{T_g} - 1 \right)^{-\alpha} \qquad 2.13$$

Der charakteristische Exponent α nimmt Werte zwischen 1.5 bzw. 1.8 an, η_0 ist eine Konstante [51].

Nach C.A. Angell kann man glasbildende Schmelzen nach der Temperaturabhängigkeit ihrer Viskosität in „strong" (stark) und „fragile" (zerbrechlich, schwach) einteilen [51].

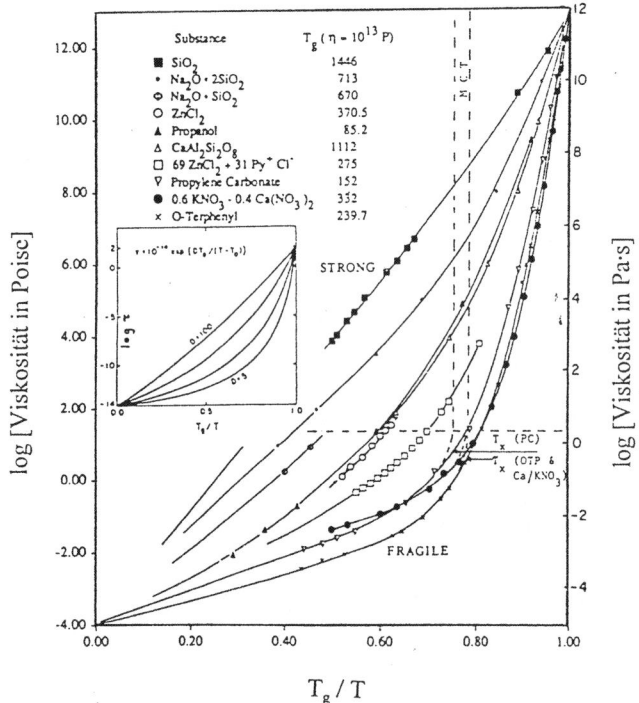

Abb. 2.5: Arrheniusauftragung des Viskositätsverlaufes verschiedener glasbildender Schmelzen über einer reduzierten Temperaturskala von Gläsern nach C.A. Angell [51].

In Abbildung 2.5, der graphischen Auftragung des $\log\eta(T)$ über T_g/T, zeigen starke Gläser ein lineares Arrhenius-Verhalten (z.B. SiO_2: ■), während schwache Gläser einen bei hoher Temperatur nur geringen Viskositätsanstieg zeigen. Die jeweiligen Glastemperaturen T_g wurden für die Viskositätswerte $10^{12} Pa \cdot s = 10^{13} Poise$ der zugehörigen Schmelzen festgelegt. Bei Annäherung gegen T_g steigt die Gleichgewichtsviskosität jedoch stark an (Vogel-Fulcher-Verhalten) und divergiert (z.B. ortho-Terphenyl: x und $0.6KNO_3$-$0.4Ca(NO_3)_2$: ●). Der Verlauf der Viskosität vieler Schmelzen ist deshalb zwischen beiden Grenzverläufen starker und schwacher Gläser in Abbildung 2.5 zu finden. Zusätzlich ist in die Abbildung der durch Modenkopplungstheorien (MCT) beschriebene sehr schmale Temperaturbereich für die Viskosität eingetragen. Die Aussagekraft für die Viskosität über den gesamten Temperaturbereich zwischen Schmelze und Glaszustand ist daher nur sehr begrenzt.

2.3 Stabilitätskriterien

Die Kenntnis der spezifischen Wärmekapazität $c_p^l(T)$ unterkühlter Schmelzen im Bereich zwischen Schmelzpunkt und Glastemperatur im Vergleich zur entsprechenden kristallinen Gleichgewichtsphase $c_p^x(T)$ kann zur Beschreibung der thermodynamischen Eigenschaften herangezogen werden [52, 53]. Aufgrund experimenteller Schwierigkeiten und relativ aufwendiger Meßmethoden sind c_p-Messungen an unterkühlten Schmelzen über ein breites Temperaturintervall jedoch relativ selten [54]. Durch Integration der Daten über die Temperatur lassen sich die zugehörigen thermodynamischen Potentiale Entropie S(T), Enthalpie H(T) und Gibbssche Freie Enthalpie G(T) für Schmelze und Kristall gewinnen. Für die Entropien gilt:

$$S^l(T) = S_0 + \Delta S_f + \int_{T_m}^{T} c_p^l/T \, dT \quad und \quad S^x(T) = S_0 + \int_{T_m}^{T} c_p^x/T \, dT \qquad 2.14$$

S_0 bezeichnet eine frei nach Konvention zu wählende Konstante, d.h. S_0 legt eine Referenztemperatur fest, auf die man die integrierten Entropien bezieht. Am Schmelzpunkt T_m ist der Beitrag der Schmelzentropie ΔS_f zu berücksichtigen. Für die Enthalpie der Schmelze H^l und der entsprechenden kristallinen Phase H^x gilt analog unter Berücksichtigung der Schmelzenthalpie ΔH_f:

$$H^l(T) = H_0 + \Delta H_f + \int_{T_m}^{T} c_p^l \, dT \quad und \quad H^x(T) = H_0 + \int_{T_m}^{T} c_p^x \, dT \qquad 2.15$$

H_0 bezeichnet eine frei, nach Konvention zu wählende Referenzenthalpie, auf die sich die integrierten Daten beziehen. Die Gibbsschen Freien Enthalpien G^l und G^x für Schmelze und Kristall berechnen sich aus Entropie und Enthalpie wie folgt:

$$G^l(T) = H^l(T) - TS^l(T) \quad und \quad G^x(T) = H^x(T) - TS^x(T) \qquad 2.16$$

Damit sind die thermodynamischen Potentiale eindeutig definiert. Für mehrkomponentige (binäre, ternäre,...) Systeme sind die Potentiale als Summe, d.h. als integrale Werte über alle vorkommenden Phasen aufzufassen. Im Prinzip ist somit jedes System, da sich die Potentiale aus den entsprechenden Zustandssummen ableiten, für jede beliebige Temperatur bei Kenntnis der Potentiale jeder einzelnen (konkurrierenden) Phase unter Berücksichtigung der Gibbsschen

Phasenregel festgelegt [26].

Mit dem Unterkühlen der Schmelze unterhalb der Schmelztemperatur T_m ist ein überschüssiger Beitrag der Wärmekapazität $\Delta c_p = c_p^l - c_p^x$ und damit ein überschüssiger Entropiebeitrag $\Delta S = S^l - S^x$ verbunden. Mit zunehmender Unterkühlung nimmt diese Entropiedifferenz zwischen Kristall und Schmelze kontinuierlich ab und würde bei weiterer Temperaturabsenkung verschwinden bzw. negativ werden. Die Entropie S kann aus der zugehörigen Zustandssumme Ω (Summe über alle möglichen Zustände) über die Beziehung $S = k_B \ln \Omega$ abgeleitet werden, k_B ist die Boltzmann-Konstante. Die Existenz einer ungeordneten, flüssigen Phase mit einer kleineren Entropie als die der vollständig geordneten, kristallinen Phase ist äußerst unwahrscheinlich (Kauzmann-Paradoxon) [55]. Die flüssige Phase hätte bei Temperaturen unterhalb $T_{\Delta S=0}$ sonst eine geringere Anzahl zugänglicher Zustände als die zugehörige kristalline Phase. Die entsprechende fiktive Glastemperatur mit $\Delta S = 0$ wird oft als ideale Glasübergangstemperatur $T_{\Delta S=0} = T_{g0}$ bezeichnet und stellt eine untere Grenze für die Unterkühlbarkeit der Schmelze dar, die sogenannte „Entropie-Katastrophe" [53]. Deshalb liegen experimentell beobachtete Glasübergangstemperaturen bei metallischen Gläsern immer oberhalb T_{g0}.

Aus der Temperaturabhängigkeit der Überschußentropie $\Delta S(T)$ einer unterkühlten Schmelze kann noch ein weiteres Instabilitätskriterium abgeleitet werden [56]. Diese Instabilität der Schmelze gegen Glasbildung beruht auf einer Aufspaltung der Entropiedifferenz in zwei Anteile.

$$\Delta S(T) = \frac{\alpha_T}{\kappa_T} \Delta V(T) + zR\ln 2 \quad wobei \quad \left(\frac{dS}{dV}\right)_T = \frac{\alpha_T}{\kappa_T} \qquad 2.17$$

Beim ersten Anteil handelt es ich um den isothermen Volumenbeitrag zur Entropie. Dieser hängt vom thermischen Volumenausdehnungskoeffizienten α_T, von der isothermen Kompressibilität κ_T und der zugehörigen Volumendifferenz zwischen Schmelze und Kristall ab. Der zweite, topologische Beitrag wird als kommunale Entropie bezeichnet, wobei z die Zahl der verschiedenen Elemente in der Schmelze berücksichtigt (monoatomar z=1), R ist die Gaskonstante. Dieser Ansatz wurde für einfache Systeme mit näherungsweise kugelförmigen Atomen abgeleitet [57].

Die kommunale Entropie ist in diesem Fall derjenige Beitrag zur Entropie, der durch die zusätzlichen möglichen Konfigurationen der Atome in einer Schmelze im Vergleich zu einem Kristall (Glas) entsteht, wenn Schmelze und Kristall gleiches Volumen hätten. Wie entsprechende molekular-dynamische Simulationen demonstrieren, ist die Schmelze genau dann instabil gegen Glasbildung und friert ein, wenn die Volumendifferenz zwischen Schmelze und Kristall bei der isochoren Temperatur verschwindet, d.h. $\Delta V=0$ und somit $\Delta S=zR\ln 2$. Durch Subtraktion von $zR\ln 2$ können daher die entsprechenden inneren Instabilitätspunkte für die (hier nicht relevante) Überhitzung eines Kristalles bzw. für die Unterkühlung einer Schmelze, wie in Abbildung 2.6 gezeigt, konstruiert werden.

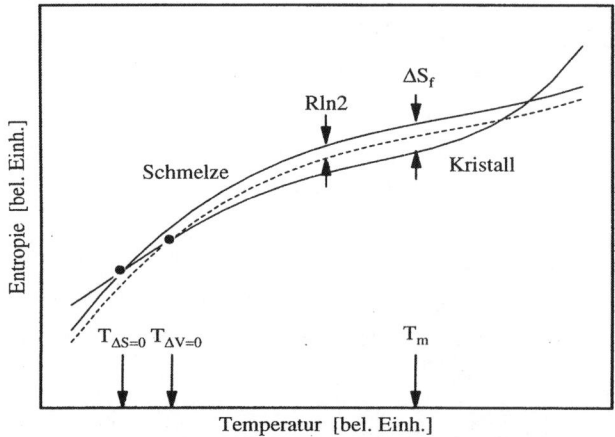

Abb. 2.6: Schematische Darstellung der Entropien von Schmelze und Kristall nach [53] unter Berücksichtigung der kommunalen Entropie nach [56].

In der Abbildung 2.6 ist eine Abfolge zweier unterschiedlich definierter Instabilitätspunkte im Temperaturbereich der Glasbildung ersichtlich. Die Gleichheit der Entropien von Kristall und Schmelze und die Gleichheit der Volumina von Kristall und Schmelze. Die Kauzmann-Temperatur $T_{\Delta S=0}=T_{g0}$ (isentropische Temperatur) ist thermodynamisch definiert. Die oberhalb liegende Temperatur der Volumengleichheit von Kristall und Schmelze $T_{\Delta V=0}$ (isochore Temperatur) leitet sich aus dem kommunalen Entropiebeitrag ab.

Am Schmelzpunkt T_m entspricht die Entropiedifferenz zwischen Schmelze und Kristall gerade der zugehörigen Schmelzentropie ΔS_f.

Für ein reales glasbildendes System liegen nach Kenntnis des Autors bisher noch keine Daten vor, die eine Abschätzung der Gültigkeit des isochoren Instabilitätspunktes unterkühlter Schmelzen gegen den Glasübergang zuließen. In Abschnitt 4.1.8 wird eine Abschätzung für den Volumeninstabilitätspunkt für das in dieser Arbeit untersuchte metallische Massivglas $Zr_{41}Ti_{13}Ni_{10}Cu_{13}Be_{23}$ gegeben.

2.4 Kristallisation metallischer Schmelzen

Für ein tieferes Verständnis der Glasbildung und der Verhinderung der Kristallisation unterkühlter metallischer Schmelzen sind die kinetischen und thermodynamischen Eigenschaften entscheidend. In diesem Kapitel soll zusammenfassend anhand der klassischen Keimbildungstheorie verdeutlicht werden, welchen Einfluß die in dieser Arbeit an $Zr_{41}Ti_{13}Ni_{10}Cu_{13}Be_{23}$- und Au-Pb-Sb-Legierungen u.a. untersuchten Eigenschaften wie Wärmekapazität, Viskosität und Grenzflächenenergie auf die Stabilität unterkühlter Schmelzen gegen Kristallisation haben. Weitergehende Betrachtungen und die Diskussion anderer Aspekte zu dieser Thematik, die den Rahmen dieser Arbeit weit überschreiten würden, finden sich in der Literatur [58-61].

2.4.1 Johnson-Mehl-Avrami-Gleichung

Isotherme Phasenübergänge (z.B. Kristallisation in einer Schmelze) können quantitativ durch Zeit-Temperatur-Umwandlungs-Diagramme (ZTU-Diagramme) beschrieben werden. Man trägt in diesem Fall graphisch den molaren Anteil f(t,T) der bereits umgesetzten (z.B. kristallisierten) Stoffmenge als Funktion der Zeit t und Temperatur T auf. Für einen Kristallisationsvorgang ist der bereits kristallisierte Anteil f(t,T) von verschiedenen, temperaturabhängigen Parametern bestimmt [62]. Für f(t,T) gilt:

$$f(t,T) = 1 - \exp\left(-\frac{\pi}{3}I_v(T)u(T)^3 t^4\right) \quad bzw. \quad f(t,T) = 1 - \exp[-k^n(t-\tau)^n] \qquad 2.18$$

$I_v(T)$ ist die Keimbildungsrate in der Schmelze, d.h. die Zahl der pro Volumen und Zeiteinheit gebildeten und wachstumsfähigen Keime. u(T) ist die zugehörige Wachstumsgeschwindigkeit der Keime und τ stellt eine oft verwendete transiente Zeitkonstante dar. Die zweite Formulierung von Gleichung 2.18 ist eine Verallgemeinerung der ersten Gleichung. Sie wird als Johnson-Mehl-Avrami-Gleichung (JMA-Gleichung) bezeichnet und dient oft zur quantitativen Analyse isothermer Phasenumwandlungen (z.B. bei der Kristallisation metallischer Gläser [63-67]).

Der sogenannte Avramikoeffizient n ist temperaturunabhängig und nimmt Zahlenwerte zwischen 1 und 4 an [62, 68]. Die Temperaturabhängigkeit der JMA-Gleichung ist durch den sogenannten Frequenzfaktor k gegeben, der die Keimbildungs- und Keimwachstumskinetik beinhaltet. Große Werte von k bedeuten demzufolge schnelle Keimbildungs- und Keimwachstumsraten und umgekehrt.

Darüber hinausgehend ist oft die Einführung einer transienten Zeit τ nötig [63, 69]. Diese beschreibt eine Zeitverzögerung, die sich bei der Einstellung von Gleichgewichtszuständen dadurch ergibt, daß man eine Probe sehr schnell aufheizt und diese der Temperatur deshalb „nachhinkt". Die Einstellung einer Gleichgewichtsanzahl von Kristallisationskeimen in einer unterkühlten Schmelze bei schnellen Aufheizvorgängen aus dem Glaszustand mag als Beispiel dienen. In Kapitel 4.1.4 und 4.2.3 werden die Ergebnisse der JMA-Analyse zum isothermen Kristallisationsverhalten von $Zr_{41}Ti_{13}Ni_{10}Cu_{13}Be_{23}$- und $Au_{54.2}Pb_{22.9}Sb_{22.9}$-Gläsern im Rahmen des Kristallisationsverhaltens anderer metallischer Gläser dargestellt und diskutiert. Für (t-τ)→0, d.h. kurze Zeiten und nur geringe umgesetzte Materialanteile kann Gleichung 2.18 nach Taylor in erster Ordnung entwickelt werden:

$$f(t,T) = \frac{\pi}{3} I_v(T) u(T)^3 t^4 \qquad 2.19$$

Auf einem Ansatz von Uhlmann basierend, können aus Gleichung 2.19, wie in Kapitel 5.2 gezeigt, sogenannte Zeit-Temperatur-Umwandlungsdiagramme (ZTU-Diagramme) und kritische Abkühlraten abgeleitet werden [13, 70, 71]. Auf die Kristallisation von Schmelzen angewandt, definiert man einen maximal erlaubten, bereits kristallinen Anteil in der Schmelze von 10^{-6} und berechnet diejenige Zeitspanne t in dem dieser Anteil kristallisieren würde. Voraussetzung ist für die Berechnung, daß man die Keimbildungsrate $I_v(T)$ und die Wachstumsgeschwindigkeit u(T) durch geeignete Funktionen beschreiben kann.

Alternativ zur isothermen JMA-Analyse der Kristallisation metallischer Gläser ist auch eine Analyse nicht isothermer, isochroner Kristallisationsereignisse bei bekannter Wachstumsmorphologie der Keime möglich [72-76]. Bei konstanter Heizrate dT/dt gibt es folgenden Zusammenhang nach Gleichung 2.20 zwischen den Wachstumsparametern m, n, der Aktivierungsenergie Q und der Peaktemperatur (Temperatur im Maximum) T_p (modifizierte Kissinger-Analyse).

$$-\frac{1}{m} \ln\left(\frac{(dT/dt)^n}{T_p^2}\right) = \frac{Q}{RT_p} + C \qquad 2.20$$

C ist eine Materialkonstante, R die Gaskonstante. m=n=1 würde bei Oberflächenwachstum von Keimen sphärischer Proben gelten, n=m=3 beschreibt die Kristallisation aufgrund bereits vorhandener Keime im Volumen der Schmelze. Die Parameter n=4 und m=3 sind geeignet bei der Bildung und dem Wachstum neuer Keime während des Aufheizvorganges des Glases und der Schmelze. Die Keimbildungswahrscheinlichkeit und Wachstumsrate beim Aufheizen ist Gegenstand der folgenden beiden Abschnitte.

2.4.2 Keimbildung

Die zeitunabhängige, statische (engl.: „steady state") Keimbildungsrate $I_v(T)$ wird in der klassischen Theorie durch das Produkt eines „kinetischen" Frequenzfaktors und eines „thermodynamischen" Aktivierungstermes [77-80] wie folgt berechnet:

$$I_v(T) = \frac{A_v}{\eta(T)} \exp\left(-\frac{\Delta G^*(T) f(\theta)}{RT}\right) \qquad 2.21$$

A_v bezeichnet eine Materialkonstante, die vom Mechanismus der Keimbildung und dem Diffusionskoeffizienten in der Schmelze abhängt. R ist die Gaskonstante. Für homogene Volumenkeimbildung hat A_v typischerweise einen Zahlenwert von $10^{36} Pa \cdot s \cdot m^{-3} s^{-1}$, für Oberflächenkeimbildung von $10^{28} Pa \cdot s \cdot m^{-2} s^{-1}$ [59]. Keimbildung an katalytisch wirkenden Oberflächen sei in der weiteren Betrachtung vernachlässigt. Sie spielt beim Kristallisationsverhalten metallischer Gläser aber oft eine bedeutende Rolle [81-83]. $\eta(T)$ bezeichnet die temperaturabhängige Viskosität und beinhaltet über die Stokes-Einstein-Beziehung nach Gleichung 2.22 mit der Diffusionskonstante D(T) eine typische atomare Sprungfrequenz (Anlagerungsfrequenz an der Grenzfläche zwischen Kristall und Schmelze) für die atomaren Bestandteile der Schmelze.

$$\eta(T) = \frac{k_B T}{3\pi a_0 D(T)} \qquad 2.22$$

a_0 bezeichnet einen atomaren Durchmesser, k_B die Boltzmann-Konstante. Der Vorfaktor beinhaltet ferner einen Dichteterm für die Bildung von Keimen an Oberflächen oder im Volumen, d.h. die Zahl der Atome auf der Oberfläche des Keimes in der Schmelze [59]. Für die Temperaturabhängigkeit der Viskosität wird oft, da kaum experimentelle Daten für unterkühlte metallische Schmelzen vorliegen, eine qualitative Näherungslösung verwendet [2].

$$\eta(T) = 10^{-4.3} \exp\left(\frac{3.34\, T_e}{T-T_g}\right) \quad [Pa \cdot s] \qquad 2.23$$

Gleichung 2.23 beinhaltet einen funktionalen Verlauf der Viskosität bei Abkühlung unterhalb der eutektischen Temperatur T_e nach Vogel-Fulcher mit entsprechender Divergenz bei Annäherung an die Glasübergangstemperatur T_g [23, 24]. Oberhalb der (eutektischen) Schmelztemperatur liefert sie, je nach Legierung, Viskositäten im Bereich der Literaturwerte für metallische Schmelzen von 10^{-3} Pa·s [84-86].

Das für heterogene Keimbildung typische Benetzungsverhalten der Schmelze an internen und externen Kristallisationskeimen (Verunreinigungen, Oberflächen,...) wird durch die Benetzungsfunktion $f(\theta)=0.25(2-3\cos\theta+\cos^3\theta)$ und den Benetzungswinkel θ beschrieben. Die Benetzungsfunktion hat einen Zahlenwert $0<f<1$ und senkt die effektive Keimbildungsbarriere $\Delta G^*(T)$ um den Faktor $f(\theta)$ ab. Der Spezialfall $\theta=180°$ mit $f(\theta)=1$ wird als homogene Keimbildung bezeichnet. Bei $f(\theta)<180°$ tritt Benetzungsverhalten von inneren Oberflächen in der Schmelze auf, die Aktivierungsbarriere verringert sich. Für die Barrierenhöhe $\Delta G^*(T)$ gilt [60, 77, 78]:

$$\Delta G^*(T) = b\, \frac{\sigma^{xl}(T)^3}{\Delta G_v(T)^2} \qquad 2.24$$

Bei sphärischen Keimen hat die Konstante b den Wert $16\pi/3$. Entscheidend für die Barrierenhöhe sind die Differenz der Gibbsschen Freien Enthalpie zwischen Schmelze und zugehöriger kristalliner Phase $\Delta G_v(T)$ normiert auf das Volumen V, sowie die flüssig-fest Grenzflächenenergie $\sigma^{xl}(T)$.

2.4.3 Grenzflächenenergie

Die Grenzflächenenergie kann aus Entropie- und Energiebetrachtungen an einer fest-flüssig Phasengrenze [87-89] abgeleitet werden und liegt bei Metallen typischerweise bei 100-300mJ/m². Nach Spaepen [90] gilt für reine Metalle:

$$\sigma^{xl}(T) = \frac{\alpha_m \Delta S_f}{(N_A V_m^2)^{1/3}} \cdot T \qquad 2.25$$

α_m ist eine Strukturkonstante (0.86 für kfz- und hdp-Gitter, 0.71 für krz-Gitter), ΔS_f die Schmelzentropie, N_A die Avogadrokonstante und V_m das molare Volumen der Schmelze. Gleichung 2.25 ist auch auf metallische (unterkühlte) Legierungsschmelzen anwendbar.

2.4.4 Keimwachstum

Die Wachstumsgeschwindigkeit kristalliner Keime in der Schmelze hängt im Fall homogener Keimbildung im wesentlichen von der Differenz der Gibbsschen Freien Enthalpie zwischen Schmelze und Kristall ΔG und der Anlagerungsfrequenz an der Grenzfläche zwischen Kristall und Schmelze ab. Die Anlagerungsfrequenz kann über die Viskosität $\eta(T)$ der Schmelze und die Stokes-Einstein Beziehung nach Gleichung 2.22 ausgedrückt werden.
Damit gilt [91]:

$$u(T) = \frac{f k_B T}{3\pi a_0^2 \eta(T)} \left[1 - \exp\left(-\frac{\Delta G}{RT}\right)\right] \qquad 2.26$$

a_0 bezeichnet in der Gleichung einen atomaren Durchmesser in der Schmelze, f beschreibt den Oberflächenanteil des Keimes bzw. Kristalliten, an dem Kristallwachstum bevorzugt stattfindet. Der Anteil f hängt hauptsächlich von der Schmelzentropie ΔS_f des Materials ab (ΔS_f klein und f=1, ΔS_f groß und f=0.2(T_e-T)/T_e<1) [92].

2.4.5 Transiente Effekte

Transiente Effekte sind Ereignisse, die mit einer zeitlichen Verzögerung stattfinden. Derartiges Verhalten wird bei der Kristallisation von Gläsern beobachtet und bezieht sich auf die zeitliche Einstellung einer konstanten Keimbildungsrate [58, 93]. Transienten sind immer dann zu berücksichtigen, wenn man Nicht-Gleichgewichtszustände beschreibt und die experimentelle Zeitskala vergleichbar mit der Transienten ist (siehe JMA-Analyse für das isotherme Kristallisationsverhalten von $Zr_{41}Ti_{13}Ni_{10}Cu_{13}Be_{23}$- und Au-Pb-Sb-Gläsern in den Abschnitten 4.1.4 und 4.2.3). Die Nicht-Gleichgewichts-Keimbildungsrate $I_v(T,t)$ für Kristallisation hängt von der Gleichgewichtsrate $I_v(T)$ wie folgt ab:

$$I_v(T,t) = I_v(T) \cdot \exp\left(-\frac{\tau(T)}{t}\right) \qquad 2.27$$

Die Transiente $\tau(T)=\pi a_0^2/D(T)$ mit dem atomaren Durchmesser a_0 und der Diffusionskonstanten $D(T)$ kann in einfacher Weise über die Stokes-Einstein Beziehung Gleichung 2.22 und damit der Viskosität der Schmelze abgeschätzt werden [93]. Für detaillierte Diskussionen sei auf die Literatur verwiesen [58, 93 mit Referenzen].

Insgesamt wird deutlich, daß die Keimbildungsrate und Wachstumsgeschwindigkeit der Keime, aber auch transiente Einflüsse, näherungsweise durch drei temperaturabhängige Parameter festgelegt werden, die spezifische Wärmekapazität (Gibbssche Freie Enthalpie) von Kristall und Schmelze, die Viskosität der Schmelze und die Grenzflächenenergie zwischen Schmelze und Kristall.

2.5 Mechanische Eigenschaften metallischer Gläser

Das mechanische Verhalten amorpher Werkstoffe ist stark temperaturabhängig. In Abbildung 2.7 ist schematisch das mechanische Verhalten metallischer Gläser in Abhängigkeit von Temperatur und Spannung gezeigt [69]. Bei niedrigen Temperaturen und geringen mechanischen Spannungen ist das Verhalten metallischer Gläser wie bei anderen Festkörpern rein elastisch (Hookesches Gesetz). Bei höheren Temperaturen kommt zum rein elastischen Verhalten ein anelastischer Anteil hinzu. Die mechanische Spannung σ führt im Glas zu spannungsinduzierten Relaxationsprozessen und damit zu zeitabhängigen Spannungs-Dehnungs-Kurven (Anelastizität). Zur anelastischen Relaxation tragen thermoelastische, magnetoelastische und thermisch aktivierte Prozesse bei [69]. Im Bereich der Glastemperatur und oberhalb dominiert die irreversible mechanische Verformung. Das metallische Glas beginnt sich viskoelastisch zu verformen, d.h. der rein elastische Verformungsanteil nimmt stark ab, und der Werkstoff fließt viskos wie eine Schmelze.

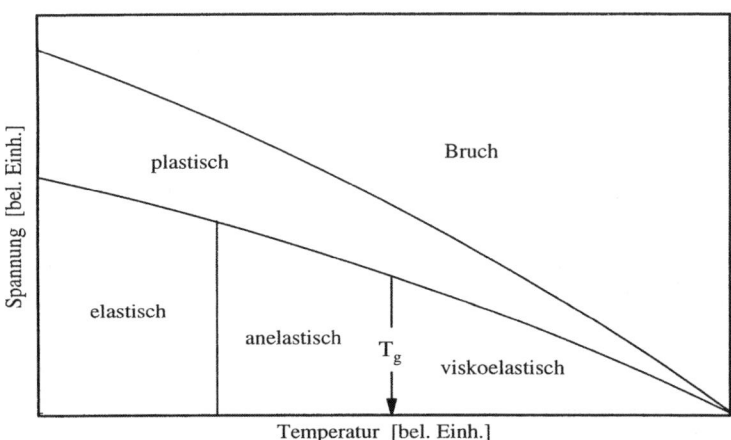

Abb. 2.7: Schematisches Spannungs-Dehnungs-Verhalten metallischer Gläser in Abhängigkeit der Temperatur [69].

Je nach der Höhe der aufgebrachten Spannung verformt sich das Material homogen oder inhomogen. Bei Temperaturen unterhalb T_g oder geringen mechanischen Spannungen $\sigma<\mu/100$

(μ: Fließspannung) ist die Verformung homogen und das Fließverhalten gemäß einer Newtonschen Flüssigkeit. Die Kriechrate und damit die Verformungsgeschwindigkeit ist proportional der angelegten mechanischen Spannung (Newtonsches Fließen). Bei Spannungen $\sigma > \mu/50$ oder höheren Temperaturen nahe T_g ist die Proportionalität nicht mehr erfüllt (Nicht-Newtonsches Fließen). Es bilden sich lokalisierte Scherbänder und die Verformung erscheint als inhomogen. Kaltverfestigung tritt im Gegensatz zu kristallinen Werkstoffen nicht auf [11, 1076].

Plastische Deformation und Versagen durch Bruch hängen bei metallischen Gläsern ebenfalls von mechanischer Spannung und Temperatur ab. Die plastische Verformung setzt jeweils oberhalb des elastischen, anelastischen bzw. viskoelastischen Verhaltens ein. Mit steigender Temperatur sinkt die zugehörige mechanische Spannung, oberhalb der plastisches Verhalten auftritt. Nach der plastischen Verformung folgt der Bruch.

Allgemeine Regeln für metallische Gläser, ab welcher Temperatur anelastisches oder viskoelastisches Verhalten einsetzt, sind derzeit nicht bekannt. Das Gleiche trifft für die mechanische Spannung beim Übergang zum plastischen Verhalten und zum Bruch zu. Abhängig von Legierungszusammensetzung und Präparation der Proben kommen Relaxationseffekte, die die mechanischen Eigenschaften beeinflussen können, hinzu.

Die elastischen Konstanten der metallischen Gläser und ihrer zugehörigen kristallinen Phasen sind ähnlich. Im Glaszustand ist der Kompressionsmodul und Elastizitätsmodul typischerweise um einige Prozent reduziert, der Schermodul um ca. 15%. Im Vergleich zu kristallinen Werkstoffen sind dagegen die Werte der Zugfestigkeit und Härte außerordentlich hoch. Vergleicht man die Duktilität eines metallischen Glases mit dem entsprechenden kristallinen Zustand, erweist sich die kristalline Form gleicher Legierungszusammensetzung oft als extrem spröde. Auf ihre elastischen Konstanten (Elastizitätsmodul E) bezogen, zählen die Zugfestigkeiten σ_y metallischer Gläser zu den höchsten erreichbaren Werten von Festkörpern [11, 94]. In Tabelle 2.1 sind representative Daten zum Vergleich für verschiedene Werkstoffe zusammengestellt.

Tabelle 2.1: Vergleich der Festigkeitskennzahlen σ_y/E für verschiedene Werkstoffe [94, 95].

Werkstoff	σ_y/E
PVC	0.02
Stähle	0.001-0.02
Ti-Legierungen	0.002-0.011
Diamant	0.01
SiC-Keramik	0.009-0.022
AlN-Fasern	0.02
metallische Gläser ($Fe_{80}B_{20}$)	0.02
Eisenwhisker	0.05

Zur Beurteilung der in der Tabelle aufgeführten Kennzahlen kann man einen theoretischen Festigkeitswert von etwa 0.1 zugrundelegen. Dieser läßt sich aus der kritischen Schubspannung mit $\sigma_y/E=1/10$ abschätzen [34]. Bei Eisenwhiskern liegt die Kennzahl mit 0.05 bereits im Bereich dieser theoretischen Festigkeitswerte, wobei ein technischer Einsatz dieses Materials bislang aber nicht möglich ist. Polymere wie z.b. PVC haben aufgrund ihres äußerst niedrigen E-Moduls von etwa 3GPa eine hohe Festigkeitskennzahl [34]. Dies schränkt die mechanische Einsatzfähigkeit der Kunststoffe entsprechend ein.
Technologisch eingesetzte metallische Strukturwerkstoffe liegen typischerweise im Intervall zwischen 0.0005 (Gußeisen) und 0.01 (Spezialstähle) [95]. Im Vergleich zu herkömmlichen Stählen mit 0.0025 ist die Festigkeitskennzahl σ_y/E von etwa 0.02 aufgrund höchster Zugfestigkeiten metallischer Gläser um ca. eine Größenordnung höher. Sie ist doppelt so groß wie beispielsweise der Wert von Diamant, dem härtesten bekannten Material. In den erheblich besseren Festigkeitskennzahlen im Vergleich zu den bisher bekannten Legierungen zeigt sich das Anwendungspotential metallischer Massivgläser als möglicher zukünftiger Funktionswerkstoff. Metallische Massivgläser verbinden hohe Festigkeiten mit hoher Duktilität. Sie bieten damit für technologische Anwendungen eine sehr günstige Kombination dieser beiden Eigenschaften und sind zudem nicht nur in Form dünner Bänder herstellbar.
Die Festigkeitskennzahlen keramischer Werkstoffe haben ähnlich hohe Werte wie metallische Gläser. Sie sind aber im allgemeinen sehr spröde. AlN-Fasern können beispielsweise nicht in reiner Form, sondern nur in Form eines Verbundwerkstoffes (eingebettet in eine Matrix) eingesetzt werden.

Der Quotient von Härte H und Zugfestigkeit σ_y hat für metallische Gläser einen etwa konstanten Wert, $H/\sigma_y=3$ [96]. Damit kann man die Zugfestigkeit eines beliebigen metallischen Glases relativ einfach mit Hilfe einer Mikrohärtemessung, z.B. nach Vickers, abschätzen. Die Poissonzahlen ν liegen im Intervall zwischen 0.28 und 0.43.

Das Bruchverhalten metallischer Gläser ist völlig unterschiedlich im Vergleich zum bekannten Bruchverhalten entsprechender kristalliner Phasen. Im Zugversuch tritt der Versagensprozeß typisch in einer mit 45° zur Zugachse orientierten Bruchebene während des Fließvorganges ohne Verfestigung auf. Die Bruchebenen zeigen venenartige Oberflächenstrukturen. Man erklärt dies mit dem Versagen in Scherbändern in der Weise, wie eine Flüssigkeitsschicht zwischen zwei Körpern beim Auseinanderziehen der beiden Enden abreißt [97].

In Tabelle 2.2 sind mechanische Eigenschaften einiger metallischer Gläser bei Raumtemperatur zusammengestellt.

Tabelle 2.2: Mechanische Eigenschaften von dünnen Bändern aus metallischen Gläsern.

Material	E [GPa]	σ_y [GPa]	H [GPa]	σ_y/E	ν	Ref.
$Zr_{60}Al_{20}Ni_{20}$	78.2	1.71	5.49	0.022	-	[98]
$Ti_{50}Be_{40}Zr_{10}$	107	2.31	7.4	0.022	-	[99]
$Fe_{80}B_{20}$	170	3.6	11.00	0.019	-	[97]
$Ni_{36}Fe_{32}Cr_{14}P_{12}B_6$	144	2.78	8.80	0.019	-	[99]
$Pd_{64}Ni_{16}P_{20}$	93.5	1.24	4.52	0.013	0.410	[100]
$Pd_{77.5}Cu_6Si_{16.5}$	89.7	1.57	4.98	0.018	0.410	[99, 100]

Hier sei noch einmal bemerkt, daß die obigen Meßgrößen an dünnen Bändern mit ca. 50µm Dicke gewonnen wurden. Für umfassende Darstellungen mechanischer Eigenschaften (Versprödung, Kriechen, magnetoelastische Effekte,...) sei auf die Literatur verwiesen [69, 97, 101-103].

Metallische Massivgläser sind als hochfeste und duktile Werkstoffe zu bezeichnen, die hohe Festigkeitswerte ähnlich wie Keramiken bzw. Faserwerkstoffe aufweisen. Sie sind jedoch nicht spröde bzw. wie Fasern nur als Verbundwerkstoff einsetzbar und können durch herkömmliche spanende (z.B. Fräsen, Bohren) und nicht spanende Verfahren (z.B. Walzen) bearbeitet werden. Metallische Gläser in Form dünner Bänder bieten diese Möglichkeiten nicht. Denkbar sind auch Kombinationen ultraharter Werkstoffe (z.B. WC oder Diamant) in Form kleinster Partikel, eingebettet in die duktile Matrix eines metallischen Massivglases, um höchste Festigkeiten mit höchsten Härten zu kombinieren und gleichzeitig sprödes Verhalten des neuen Verbundwerkstoffes auszuschließen.

3. Experimentdurchführung und Meßmethoden

3.1 Probenpräparation

3.1.1 $Zr_{41}Ti_{13}Ni_{10}Cu_{13}Be_{23}$-Massivgläser

Die in dieser Arbeit verwendeten Proben der Zr-Ti-Ni-Cu-Be-Legierung wurden sämtlich am Hahn-Meitner-Institut, Berlin, in der Arbeitsgruppe von Dr. M.-P. Macht hergestellt. Die Präparation der Legierungen erfolgte für die Zusammensetzung $Zr_{41}Ti_{13}Ni_{10}Cu_{13}Be_{23}$ (±0.5at%). Alle Ausgangsmaterialien lagen in elementarer Form mit Einwaagegenauigkeiten von ±0.5mg für eine jeweilige Gesamtprobenmenge zwischen 8-15g vor. Ein Schwebeschmelzverfahren in kontrollierter Argon-Schutzgas-Atmosphäre bei 0.2bar bis 0.3bar diente zur Herstellung homogener Zr-Be-Vorlegierungen (Zr: ca. 99.5%, Teledyne, Be: ca. 99%, Degussa). Anschließend erfolgte das Zulegieren der restlichen Komponenten unter gleichen Bedingungen (Ti: 99.99%, Aldrich, Ni: 99.99%, Johnson Matthey, Cu: 99.999%, Asarco). Beim Hinzulegieren wurde das Entstehen einer gleichmäßig runden Schmelzperle mit einer Haltezeit von 5min abgewartet und das hochfrequente Wechselfeld anschließend abgeschaltet. Der direkte Kontakt des Schmelzlings mit dem in der Levitationsspule befindlichen Kaltschmelztiegel (Kupfer, mit polierter Oberfläche) führt zu einem Abschrecken der schmelzflüssigen Proben. Rückwaagen der erstarrten Rohlinge ergaben geringste Herstellungsverluste von typisch 10^{-3} Gewichtsprozent der eingesetzten Mengen.

Die so erhaltenen Materialproben waren immer teilamorph, d.h. hatten noch kristalline Anteile (einige bis einige zehn Volumenprozent). Durch Umschmelzen und Abschrecken der teilamorphen Rohlinge konnten metallische Massivglasproben ohne kristalline Anteile erzeugt werden. Ein Umschmelzen der zerkleinerten Rohlinge erfolgte im Rohrofen in kontrollierter Argon-Schutzgas-Atmosphäre in Quarzampullen verschiedener Durchmesser (7, 12 und 15mm). Alle Proben wurden bei 1000-1050°C für 1-4h im schmelzflüssigen Zustand homogenisiert und anschließend im Wasserbad in den Glaszustand abgeschreckt.

Die Oberflächen der 40-60mm langen Rohlinge, die Kontakt mit dem Quarzglas hatten, zeigten jeweils einen 0.5mm dicken Übergangsbereich zwischen Oxid- und metallischem Glas. Für die in dieser Arbeit verwendeten metallischen Glasproben wurde der mit Reaktionsprodukten zwischen Quarzglas und metallischem Glas verunreinigte Bereich mechanisch vollständig entfernt. Aus den zylindrischen, abgedrehten und metallisch glänzenden Rohlingen wurden für weitere Untersuchungen scheibenförmige Proben durch Schneiden mit einer Drahtsäge präpariert. Das Fehlen kristalliner Bestandteile in den verwendeten Scheiben konnte durch Röntgenstreuung sichergestellt werden.

3.1.2 $Au_{53.2}Pb_{27.6}Sb_{19.2}$- und $Au_{54.2}Pb_{22.9}Sb_{22.9}$-Gläser

$Au_xPb_ySb_z$-Gläser wurden für zwei unterschiedliche atomare Zusammensetzungen (x=0.532, y=0.276, z=0.192 und x=0.542, y=0.229, z=0.229) hergestellt. Aus den jeweils genau (±0.1mg) ausgewogenen und in Aceton gereinigten hochreinen Metallen (Au: 99.999%, Johnson Matthey, Sb: 99.99%, Johnson Matthey) wurden Vorlegierungen auf einem wassergekühlten Kupfersubstrat im Lichtbogenofen (Buehler: MAM1) unter einer Argon-Schutzgasatmosphäre erschmolzen. Diese wurden im Quarzrohr unter Argon mit Blei (Pb: 99.999%, Johnson Matthey) legiert und 150K oberhalb des eutektischen Schmelzpunktes bei 400°C homogenisiert. Eine Entmischungsreaktion in der flüssigen Phase während des Abkühlens und der Kristallisation der Schmelze sollte durch schnelles Abkühlen der Quarzampulle in Wasser verhindert werden.

Die mit dieser Methode erhaltenen, kristallinen Proben sind sehr spröde und zeigen eine metallisch hellglänzende Oberfläche. Zur Herstellung schnell abgeschreckter Au-Pb-Sb-Glasproben wurden die jeweils ca. 6-8g schweren Rohlinge in 100-200mg Stücke zerkleinert. Das schnelle Abschrecken der Proben (Abkühlrate von ca. 10^5 bis 10^7K/s, [104]) aus dem schmelzflüssigen Zustand in den Glaszustand erfolgte in einer „Ultra Rapid Quenching Anlage" (Fa. Buehler) unter Schutzgas. Die dabei entstandenen folienartigen Glasproben (Splats) haben eine Dicke von typisch 30-60µm und einen Durchmesser von ca. 25mm. Durch Röntgenstreuung erfolgte die beidseitige Kontrolle der Oberflächen der Proben auf kristalline Bestandteile. Die Splats beider Zusammensetzungen waren jeweils vollständig amorph, zeigten eine hellglänzende Oberfläche und waren im Gegensatz zu den kristallinen Proben äußerst elastisch. Die Lagerung der Proben nach der Präparation erfolgte in flüssigem Stickstoff, um eventuelle Kristallisationseffekte zu vermeiden.

3.2 Meßmethoden

3.2.1 Thermische Analyse

Zur Messung der kalorischen Eigenschaften der Legierungssysteme (Wärmekapazität, Kristallisationswärmen, etc.) stand ein Differenz-Wärmefluß-Kalorimeter (DSC7, Perkin Elmer) mit einem Arbeitsbereich von -170°C bis 725°C, bei variablen Heiz- und Abkühlraten zwischen 0.1 bis 500K/min und einer Empfindlichkeit von <1µW zur Verfügung. Für alle Messungen wurde die DSC nach Standardverfahren (Schmelzpunkte und Schmelzenthalpien von Ga, In, Sn, Zn, Al) und Angaben des Herstellers kalibriert [105-109]. Die Kalibration umfaßte die Temperatur und den Wärmefluß der DSC bei genau definierten Meßbedingungen (Kühlertemperatur, Spülgasdurchfluß, Heizrate), sowie eine Korrektur der Temperaturverschiebung bei Änderung der Heizrate. Die Korrektur für die Temperaturverschiebung konnte anhand der Schmelzpunkte reiner Metalle (Ga, In, Sn und Zn) für unterschiedliche Heizraten ermittelt werden. Die Schmelztemperatur des reinen Metalls wird bei der Temperaturkalibration als konstante Größe angenommen.

3.2.1.1 Messungen der heizratenabhängigen Glas- und Kristallisationstemperaturen

Bei den heizratenabhängigen Messungen der Glasübergangstemperaturen und der Kristallisationstemperaturen wurden metallische Glasprobenmengen beider Zusammensetzungen, $Au_{54.2}Pb_{22.9}Sb_{22.9}$ und $Au_{53.2}Pb_{27.6}Sb_{19.2}$ von jeweils ca. 20-40mg, eingewogen, 10min bei 20°C getempert und anschließend mit Heizraten zwischen 0.3 und 250K/min über die Glastemperatur aufgeheizt. Die auswertbaren Heizraten sind auf das angegebene Intervall beschränkt, weil sich bei Raten unterhalb 0.3K/min das Signal-Rausch-Verhältnis zu sehr verschlechtert. Bei Heizraten oberhalb 100K/min stellt sich die Frage, ob trotz einer Schmelzpunkteichung der Temperaturskala die Probentemperatur noch der Heizrate folgen kann (die thermische Ankopplung einer dünnen metallischen Glasfolie ist im Vergleich zu einer massiven Probe bei einer Schmelzpunkteichung eher schlecht). Die jeweilige Glastemperatur wurde als „Onset" des Verlaufes der Wärmekapazität, d.h. als Schnittpunkt der Wendetangente beim Glasübergang mit dem extrapolierten, fiktiven Verlauf der Basislinie definiert. Auf die gleiche Art und Weise wurden die („Onsets") Kristallisationstemperaturen bestimmt.

Aus den heizratenabhängigen Glas- und Kristallisationstemperaturen konnten nach Gleichung 2.28 durch eine Kissinger-Analyse, d.h. einer graphischen Auftragung des Logarithmus der Heizrate R über der reziproken (Kristallisations- oder Glasübergangs-) Temperatur T Aktivierungsenergien Q für die Kristallisation und den Glasübergang abgeleitet werden.

$$\ln(R) = \frac{Q}{k_B T} + C \qquad 2.28$$

C ist eine Konstante, k_B ist die Boltzmann-Konstante. Alle Messungen an Au-Pb-Sb erfolgten in mit Argon gespülten Aluminiumpfännchen.

Heizratenabhängige Messungen der Glasübergangstemperatur und Kristallisation, sowie die Auswertung der Meßdaten am Massivglas $Zr_{41}Ti_{13}Ni_{10}Cu_{13}Be_{23}$ erfolgten unter den gleichen Bedingungen wie bei Au-Pb-Sb-Gläsern. Zusätzlich zur normalen Kissinger-Analyse wurde das im Abschnitt 2.4.1 erwähnte modifizierte Kissinger-Verfahren bei der Kristallisation nach Gleichung 2.20 angewandt. Insgesamt konnten dadurch die aus zwei unterschiedlichen Auswertungen isochroner Messungen berechneten Aktivierungsenergien für die Kristallisation mit Ergebnissen einer isothermen Analyse verglichen werden.

Messungen der eutektischen Schmelztemperatur und Schmelzenthalpie der Legierung konnten in Edelstahltiegeln bei einer Heizrate von 5K/min durchgeführt werden. Um direkten Kontakt der Schmelze mit dem Edelstahltiegel und Legierungseffekte durch das reaktive Zirkon und Titan zu vermeiden, dienten sehr dünne Saphirscheiben oder Bornitridscheiben als Substrate.

3.2.1.2 Messungen der Wärmekapazität

Die Messungen der Wärmekapazitäten erfolgten nach Standardverfahren [107, 110]. Dabei kam zum einen die kontinuierliche Aufheizmethode, zum anderen die Stufenaufheizmethode zum Einsatz. Bei der ersten Methode wird die Wärmekapazität des Materials während des kontinuierlichen Aufheizen in einem Temperaturintervall für jede Temperatur aus der Höhe des momentanen Wärmeflußsignales in die Probe bestimmt. Beim Aufheizen in Stufen folgt die

Wärmekapazität aus dem zeitintegrierten Wärmeflußsignal für eine mittlere Temperatur des Aufheizintervalles. Beiden Methoden ist gemeinsam, daß man jeweils drei verschiedene Messungen, eine Leermessung ohne Probe, eine Messung mit Saphir als Referenzmaterial und eine Messung mit dem Probenmaterial unter exakt gleichen Bedingungen durchführt. Die Wärmekapazität wird bei beiden Verfahren mit der Verhältnismethode auf die bekannte Wärmekapazität des Referenzmaterials bezogen und aus den Differenzen der Saphirmessung und Probemessung mit der Leermessung berechnet [106].

Im Unterschied zu den Messungen an Au-Pb-Sb in Aluminiumpfännchen kamen für $Zr_{41}Ti_{13}Ni_{10}Cu_{13}Be_{23}$ bei höheren Temperaturen oberhalb 600°C argonumspülte Edelstahltiegel für Messungen der Wärmekapazität in der kristallinen Gleichgewichtsphase und in der stabilen Schmelze zum Einsatz. Edelstahltiegel haben mit ca. 400mg eine höhere thermische Masse als Aluminiumpfännchen mit ca. 30mg. Aufgrund des kleineren Verhältnisses von Probenmasse zu Tiegelmasse ist der Meßfehler in Edelstahltiegeln grundsätzlich höher.

Durch langsames Abkühlen der Schmelze mit vollständiger Kristallisation unterhalb der eutektischen Temperatur und anschließendem dreistündigen Tempern entstanden die Proben zur Messung der Wärmekapazitäten vollständig kristalliner Proben. Im Temperaturbereich oberhalb 400°C bis zur oberen Grenze der Arbeitstemperatur der DSC sind höhere Meßfehler zu berücksichtigen. Unterhalb 400°C kann man bei Aluminiumpfännchen von einem Fehler von maximal 2-3%, bei Edelstahltiegeln 3-5% ausgehen. Oberhalb 400°C ist das thermische Gleichgewicht zwischen Meßkopfdeckel und thermalisiertem Unterteil des Meßkopfes durch vermehrte Strahlungswärme geringfügig gestört. Dies führt zu einer zeitlich unkontrollierten Drift des Meßsignales der DSC. Der Meßfehler beträgt für c_p-Daten bei Verwendung von Aluminiumpfännchen schätzungsweise 5-10%, bei Verwendung von Edelstahltiegeln ca. 10%.

Die Messungen der Wärmekapazitäten der Au-Pb-Sb-Legierungen erfolgten am Glasübergang mit kontinuierlicher, langsamer Heizrate von typisch 8K/min. Um Relaxationseffekte zu minimieren, wurden die Glasproben langsam von Raumtemperatur auf 20°C abgekühlt und für jeweils mindestens 10min getempert. Mehrmaliges Aufheizen und Abkühlen einer derart getemperten Probe bis jeweils oberhalb der Glastemperatur zeigte nur geringe Änderungen der Wärmekapazität innerhalb der Fehlergrenzen der Messung von maximal 2-3%. Die Proben in der stabilen Schmelze oberhalb der eutektischen Schmelztemperatur und in den stabilen kristallinen Gleichgewichtsphasen wurden stufenweise aufgeheizt. Der maximale Fehler kann im Temperaturbereich zwischen Raumtemperatur und 400°C auf 5% abgeschätzt werden.

3.2.1.3 Isotherme Kristallisation

$Zr_{41}Ti_{13}Ni_{10}Cu_{13}Be_{23}$-Glasproben von ca. 20mg wurden in Argon-gespülten Aluminiumpfännchen zur Untersuchung des isothermen Kristallisationsverhaltens in der DSC eingewogen und präpariert. Am Beginn jeder Messung stand eine isotherme Haltezeit bei 340°C zur Relaxation der Probe im Bereich der Glastemperatur. Das schnelle Aufheizen der Proben erfolgte für jede Probe mit einer Rate von 175K/min. Die Haltetemperaturen lagen im Intervall zwischen 400°C und 470°C im Abstand von jeweils 10K. Bei jeder Haltetemperatur wurde der zeitliche Verlauf des isothermen Wärmeflusses während der Kristallisation der einzelnen Proben aufgezeichnet. Nach der isothermen Kristallisation wurden alle Proben mit 10K/min auf 600°C aufgeheizt, um weitere nachfolgende Phasenumwandlungen zu identifizieren.

Bei der anschließenden numerischen Auswertung der isothermen Wärmeflußdaten konnte die Profilform der Kristallisationsereignisse nur unzureichend durch eine Linearkombination zweier dreiparametriger Gaussprofile reproduziert werden. Aus diesem Grund dienten fünfparametrige Profile als Grundlage, um den asymmetrischen Flanken der Kristallisationen Rechnung zu tragen. Der Verlauf der Basislinie ließ sich durch die Wahl einer geeigneten, monoton abfallenden Funktion modellieren. Dadurch kann das Kristallisationssignal vom gesamten Meßsignal separiert werden.

Für die weitere JMA-Analyse mußten für jede isotherme Haltetemperatur die Flächen des Kristallisationssignales numerisch integriert werden. Das zeitliche Integral über das isotherme Meßsignal ist ein Maß für den umgesetzten Materialanteil f(T,t). Bei vollständiger Kristallisation ist der umgesetzte Materialanteil gleich eins. Aus der Integration für unterschiedliche Zeiten kann man die Zeitabhängigkeit des kristallisierten Anteils der Schmelze f(T,t) nach Gleichung 2.18 berechnen.

Die auf diese Weise erhalten Datensätze lieferten für jede Temperatur in einer nicht linearen, numerischen 3-Parameter-Anpassung nach Marquardt mit Gleichung 2.29 die drei gesuchten

Größen, Avramiexponent n, Frequenzparameter k und Transientenzeit τ.

$$\ln(1-f) = n\ln(t-\tau) + n\ln(k) \qquad 2.29$$

Zusätzlich kann eine charakteristische 50%-Umwandlungszeit $\tau_{0.5}$ für jeden Kristallisationspeak angegeben werden. In logarithmischer Auftragung der einzelnen Parameter über der reziproken Temperatur (Kissinger-Analyse bzw. Arrhenius-Auftragung) wurden die zugehörigen Aktivierungsenergien der Größen erhalten.

Für die Zusammensetzungen $Au_{54.2}Pb_{22.9}Sb_{22.9}$ und $Au_{53.2}Pb_{27.6}Sb_{19.2}$ wurden Folien mit ca. 7mg in Argon-gespülten Aluminiumpfännchen zur Untersuchung des isothermen Kristallisationsverhaltens in der DSC eingewogen und präpariert. Am Beginn jeder Messung stand eine isotherme Haltezeit bei 20°C von 10min nach vorheriger langsamer Abkühlung von Raumtemperatur. Anschließend folgte jeweils ein schnelles Aufheizen der Probe (Heizrate 150K/min) zu verschiedenen Endtemperaturen im Abstand von jeweils 2K zwischen 42°C und 54°C. Bei jeder Endtemperatur wurde der zeitliche Verlauf des isothermen Wärmeflusses während der Kristallisation der einzelnen Glasproben aufgezeichnet.

Die Auswertung der isothermen Meßdaten für $Au_{54.2}Pb_{22.9}Sb_{22.9}$ erfolgte numerisch durch simultanes Anpassen eines geeigneten, abfallenden Verlaufes der DSC-Basislinie und der jeweils zwei überlagerten Kristallisationspeaks mit dreiparametrigen Gaussprofilen. Die weitere Auswertung erfolgte analog dem für $Zr_{41}Ti_{13}Ni_{10}Cu_{13}Be_{23}$ angegebenen Verfahren. Auf eine JMA-Analyse bei $Au_{53.2}Pb_{27.6}Sb_{19.2}$ wurde wegen zu starken Überlappens beider Kristallisationspeaks verzichtet.

3.2.2 Thermomechanische Meßverfahren

Messungen der Viskosität, des thermischen Ausdehnungskoeffizienten und des Elastizitätsmoduls amorpher (Glaszustand), teilkristalliner und vollständig kristalliner $Zr_{41}Ti_{13}Ni_{10}Cu_{13}Be_{23}$-Proben wurden mit einem dynamisch mechanischen Analysegerät, DMA, (DMA7e, Perkin Elmer) durchgeführt. Au-Pb-Sb-Gläser in Form von dünnen Folien wurden für isotherme und isochrone Kriechversuche verwendet. Dieses Gerät erlaubt die phasenempfindliche Messung mechanischer Eigenschaften von Werkstoffen in unterschiedlichsten Probengeometrien. Durch die gleichzeitige Messung der Phasenverschiebung zwischen aufgebrachter Last und Dehnung können auch Vorgänge mit Energiedissipation (z.B. viskoelastisches Verhalten) quantitativ untersucht werden. Die verschiedenen Betriebsarten ermöglichen die simultane Aufzeichnung von aufgebrachter statischer oder dynamischer Last, der Probendehnung (Probenposition) und der zugehörigen Phasendifferenz als Funktion von Temperatur (isotherm oder isochron), Zeit oder Modulationsfrequenz der Last. Dadurch ist auch die Unterscheidung zwischen elastischem und nicht elastischem Verhalten der Materialproben möglich. Während bei elastischem Verhalten die Probendehnung (Probenposition) zeitlich reversibel erscheint, ist mit nicht elastischem Verhalten eine Phasenverschiebung zwischen Last und Probendehnung verbunden und gleichzeitig ändert sich die Probendehnung (Probenposition) zeitlich irreversibel.

Die Arbeitstemperaturen liegen im Bereich zwischen -170°C und 1000°C, die Prüflasten bewegen sich zwischen 10mN und 8000mN und die verfügbaren Frequenzen zur zeitlichen Modulation der Kräfte zwischen 0.01Hz und 51Hz. Zur Kalibration der DMA-Meßgrößen dienten Längenstandards (linearer Wegaufnehmer), Kraftstandards (Lastantrieb) und Schmelzpunktstandards (Thermoelemente, Temperaturgradienten, Regelparameter des Ofens), sowie verschiedene Verfahren zur Berücksichtigung von Eigendeformationen der Meßanordnung unter Last [111].

3.2.2.1 Dilatometrie

Im Rahmen dieser Arbeit wurden isochrone Messungen unter statischer Last zur Messung thermischer Ausdehnungskoeffizienten von Glasproben und kristallinen $Zr_{41}Ti_{13}Ni_{10}Cu_{13}Be_{23}$-Proben durchgeführt. Die DMA arbeitet in diesem Fall nach dem Prinzip eines klassischen Dilatometers mit simultaner Aufzeichnung der Temperatur (Thermoelement) und der zugehörigen Probenlänge (linearer Wegaufnehmer). Der Einfluß der Meßanordnung (Meßkopf und Probensonde, Material: Quarz) auf das Meßsignal des Ausdehnungskoeffizienten der Probe konnte durch die Subtraktion einer Leermessung unter jeweils exakt den gleichen Meßbedingungen eliminiert werden. Die aufgebrachte Last zur Abtastung der Längenänderung auf der Oberfläche der Proben (Längen von 7mm) wurde minimal gehalten (10mN bis 20mN), um bei den Massivgläsern in der Nähe und oberhalb der Glastemperatur plastische Verformung der Proben möglichst zu vermeiden.

3.2.2.2 Kriechversuche

Kriechversuche bei statischer Last im Zugversuch dienten zur Bestimmung von Viskositäten für Zr-Ti-Ni-Cu-Be-Massivglasproben.

Die Zugproben des $Zr_{41}Ti_{13}Ni_{10}Cu_{13}Be_{23}$-Glases wurden mit Hilfe einer Präzisionstrennsäge aus einer massiven Scheibe präpariert. Sie hatten die Form dünner Streifen mit der Dicke von 0.5mm (±0.002mm, Mikrometerschraube), Breiten von 1mm (±0.002mm, Mikrometerschraube) und Längen von 10mm (±0.05mm, Schublehre). Kriechversuche mit konstanten Zugspannungen von 3.7MPa und 0.29MPa konnten an diesen Streifen für konstante Heizraten von 1K/min und 4K/min im Bereich zwischen 25°C (298K) und 620°C (893K) durchgeführt werden.

Als Meßsignale wurden die momentane Temperatur mit einem kalibrierten Thermoelement und die zugehörige Probenlänge l(t,T) in konstantem zeitlichen Abstand aufgezeichnet. Aus der zeitlichen Änderung der Dehnung (der Dehnrate) $d\epsilon/dt$ und der zugehörigen axialen Zugspannung σ erhält man die Viskosität η des Probenmaterials nach Gleichung 2.30 [34, 112].

$$\eta = \frac{\sigma}{3 \cdot d\epsilon/dt} \qquad 2.30$$

Dabei sind eventuelle Verjüngungen im Probenquerschnitt und damit ein Anstieg der Zugspannung bei konstanter Zugkraft zu berücksichtigen. Besondere Bedeutung kommt der Spannvorrichtung für die sehr klein dimensionierten Zugproben zu. Sie muß zum einen eine zentrische Einspannung gewährleisten, um Scherkräfte zu vermeiden, und zum anderen sicherstellen, daß die Streifen fest genug zwischen den Spannbacken fixiert sind, so daß sie nicht herausgleiten und das Meßsignal damit verfälschen.

An Au-Pb-Sb-Glasfolien konnten ebenfalls Zugversuche bei statischer Last, isotherm und isochron durchgeführt werden. Zur Herstellung geeigneter Zugproben wurden die Folien in Streifen definierter Breite von etwa 2.0mm (±0.05mm, Schublehre) und einer durch den Abschreckprozeß vorgegebenen Dicke von etwa 0.05mm (±0.005mm, Mikrometerschraube) geschnitten. Nach Einbau in die Zugeinrichtung und Relaxation der jeweils ca. 6mm langen Proben wurde isochron mit einer Heizrate von 3K/min bei unterschiedlichen, aber konstanten Zugspannungen (zwischen 0.1MPa und 6.2MPa) aufgeheizt und die zugehörigen Längenänderungen gemessen. Die zugehörigen Kriechviskositäten berechnen sich wie im Fall des $Zr_{41}Ti_{13}Ni_{10}Cu_{13}Be_{23}$-Glases.

3.2.2.3 Biegeversuche

Messungen des Elastizitätsmoduls wurden für die metallischen $Zr_{41}Ti_{13}Ni_{10}Cu_{13}Be_{23}$-Massivgläser (Breite 1mm, Dicke 0.5mm, Länge 13mm, jeweils auf ±0.002mm) in einer 3-Punkt-Biegeanordnung (mit einem Quarzmeßkopf, Schneidenabstand 10mm) durchgeführt. Die Berechnungen der Absolutwerte des E-Moduls beruhen auf der bekannten 3-Punkt-Biegegleichung für Proben rechteckigen Querschnittes [34].

$$E = \frac{l^3}{4a^3b} \frac{dF}{dh} \qquad 2.31$$

l bezeichnet den Schneidenabstand der Meßanordnung, a die Probendicke, b die Probenbreite und dF/dh die Steigung bzw. die Ableitung der Lastkurve F nach der Durchbiegung h. Der Vorfaktor $l^3/4a^3b$ ist eine Funktion des Flächenträgheitsmoments [34].

Messungen der Absolutwerte des E-Moduls erwiesen sich als sehr empfindlich gegenüber der Probengeometrie, besonders bezüglich dem Verhältnis des Schneidenabstandes zur Dicke der Proben. Aus Vorversuchen mit Standardmaterialien (Stahl 1.4301, E=200GPa) konnte ein geeigneter Wert von 20:1, d.h. bei einer 10mm-Schneide eine Probendicke von 0.5mm, ermittelt werden. Störende Reibungsverluste bei 3-Punkt-Biegemessungen aufgrund einer endlichen Auflagefläche der Schneiden wurden nicht beobachtet.

Je nach Betriebsart der DMA wird die Durchbiegung h der Proben F in Abhängigkeit verschiedener Größen aufgezeichnet. Das Gerät läßt die Variation der statischen und dynamischen Last F zu, eine Veränderung der Oszillationsfrequenz bei dynamischer Kraft und eine Variation der Probentemperatur T. Dabei kamen nicht relaxierte (engl.: „as quenched") und relaxierte $Zr_{41}Ti_{13}Ni_{10}Cu_{13}Be_{23}$-Massivglasproben sowie teilkristalline und vollständig kristalline Proben zum Einsatz. Bei dynamischem Meßverfahren (dynamische Last bei konstanter bzw. veränderlicher Lastfrequenz) ergibt sich der Elastizitätsmodul direkt aus der dynamischen Amplitude, d.h. der Probendurchbiegung nach Gleichung 2.31, und beeinhaltet deshalb nur den elastischen Dehnungsbeitrag. Plastisches Verhalten der Probe zeigt sich in einer zeitlich irreversiblen Änderung der Probenposition.

3.2.3 Härtemessungen

Für im Rahmen dieser Arbeit durchgeführten Härtemessungen stand unter anderem ein Kleinlasthärteprüfer (Reichert-Jung, Micro-Duromat 4000E) zur Verfügung. Alle angegebenen Meßwerte der Massivglasproben und kristallinen $Zr_{41}Ti_{13}Ni_{10}Cu_{13}Be_{23}$-Proben sind jeweils über mindestens zehn Eindrücke mit einer Prüflast von 50Pond (=0.5N) (Anstiegszeit von 10Pond/s, 15s Haltezeit) gemittelt. Die Auflösung von Härteunterschieden auf einer polierten Probenoberfläche ist durch die Größe der Diamantspitze auf etwa 20µm begrenzt.

Zur Analyse kleinerer Strukturen wurde ein Nanoindenter (SMIT, Micro Materials Ltd.) eingesetzt. Die extrem feine Diamantspitze (in Form einer dreiseitigen Pyramide) mit induktiver Lastaufbringung im Bereich einiger mN ermöglicht geringe Eindringtiefen einiger 100nm und ein Auflösungsvermögen von Härteunterschieden auf einer Längenskala von 2-3µm. Aus den Last-Eindring-Kurven lassen sich Härte und Elastizitätsmodul des Materials berechnen [113]. Die Härte kann aus dem plastischen Anteil des Eindringens des Prüfkörpers, der Elastizitätsmodul aus dem zugehörigen elastischen Anteil berechnet werden. Das Verfahren liefert keine industrienorm-gerechten Werte für die Härte und den E-Modul. Die erhaltenen Daten sind aber ein sehr gutes Maß, um die mechanischen Eigenschaften unterschiedlicher Gefügebereiche an einer einzelnen Probe untereinander vergleichen zu können [114].

3.2.4 Weitwinkel-Röntgenstreuung

Für Strukturuntersuchungen an Zr-Ti-Ni-Cu-Be-Legierungen wurde ein Pulverdiffraktometer (Enraf Nonius PDS 120) mit ortsempfindlichen Detektor (Inel CPS120) verwendet. Für in-situ-Streuexperimente während der Kristallisation der untersuchten metallischen Gläser stand eine heizbare Probenkammer (Paar, HTK 10, 20°C...1600°C), die sowohl isotherm als auch isochron betrieben werden kann, zur Verfügung. Alle temperaturabhängigen Messungen fanden, soweit nicht anders angegeben, unter Helium als Schutzgas statt. Die Temperierung erfolgte bei temperaturabhängigen Messungen indirekt über ein Platinband mit elektrischer ohmscher Heizung.

Au-Pb-Sb-Glasproben wurden in Form von dünnen Folien, sämtliche kristalline Au-Pb-Sb-Proben als Pulver gemessen. Bei der Untersuchung des Zr-Ti-Ni-Cu-Be-Probenmaterials kamen jeweils dünne Scheiben zum Einsatz.

Zur Kontrolle der Temperatur der Proben bei in-situ-Kristallisationsmessungen diente im Fall von $Zr_{41}Ti_{13}Ni_{10}Cu_{13}Be_{23}$-Gläsern ein zusätzlich an der Oberfläche angepunktetes Thermoelement. Alle Winkelkalibrierungen wurden mit Siliziumpulver durchgeführt [115].

3.2.5 Rasterelektronenmikroskopie und Mikrosonde

Für elektronenoptische Gefügeuntersuchungen, sowie punktförmige und integrale Phasenanalysen kam ein Rasterelektronenmikroskop, REM, (Fa. Jeol 6400) zum Einsatz. Sämtliche in dieser Arbeit gezeigten REM-Aufnahmen sind im Elementkontrast aufgenommen. Hier wurden die Rückstreuelektronen der Probe elektronenoptisch abgebildet, d.h. die Anzahl der zurückgestreuten Elektronen spiegelt die Konzentrationsunterschiede der verschiedenen Legierungspartner im Gefüge wieder. Helle Bereiche stellen einen hohen Anteil stark streuender Elemente (hohe Ordnungszahl) dar, dunkle Bereiche einen hohen Anteil schwacher Streuer (niedrige Ordnungszahl). Für einige Gefügeuntersuchungen wurden zusätzlich Punktanalysen mit einer Mikrosonde an der Zentraleinrichtung Elektronenmikroskopie der TU Berlin erstellt.

4. Experimentelle Ergebnisse

4.1 Untersuchungsergebnisse für $Zr_{41}Ti_{13}Ni_{10}Cu_{13}Be_{23}$

4.1.1 Allgemeines thermisches Verhalten

Das isochrone Aufheizverhalten von $Zr_{41}Ti_{13}Ni_{10}Cu_{13}Be_{23}$-Glas (Molmasse=59.83g) ist in Abbildung 4.1 mit einer Heizrate von 4K/min in einer DSC gezeigt.

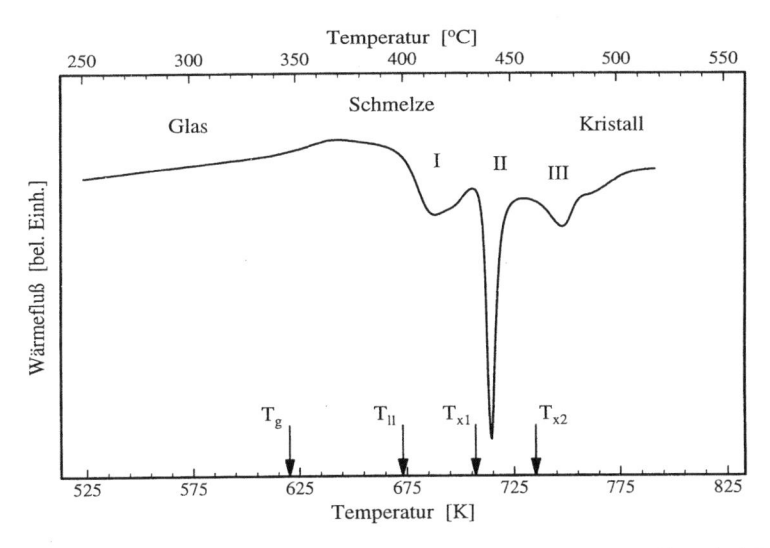

Abb. 4.1: Wärmefluß beim isochronen Aufheizen einer $Zr_{41}Ti_{13}Ni_{10}Cu_{13}Be_{23}$-Glasprobe bei einer Heizrate von 4K/min zwischen 250°C (523K) und 520°C (793K).

Auffällig ist der mit dem Glasübergang bei etwa T_g=348°C (621K) verbundene Anstieg der Wärmekapazität und das nachfolgende Auftreten dreier exothermer Phasenumwandlungen (jeweiliger Onset, d.h. Beginn der Umwandlungen) bei 400°C (673K), 434°C (707K) und 462°C (735K). Mit „Onset" sei immer der Beginn der Änderung des Wärmeflußsignals aufgrund einer Phasenumwandlung in einer DSC zu verstehen. Bei der ersten exothermen Umwandlung (I) handelt es sich um eine Entmischungsreaktion und die daran anschließende Bildung nm großer kfz-Kristallite in der hochunterkühlten Schmelze (siehe Abschnitt 4.1.3). Die beiden anschließenden Ereignisse (II) und (III) können als Kristallisation der entmischten, unterkühlten

unterkühlten Schmelze identifiziert werden. Glasübergang, Entmischung und Kristallisation erwiesen sich als abhängig von der Aufheizrate und damit als thermisch aktivierte Prozesse. Sie werden im folgenden genauer charakterisiert. Bei noch höheren, in Abbildung 4.1 nicht gezeigten Temperaturen, schmilzt das quasi ternäre System $(Zr_{41}Ti_{13})$-$(Ni_{10}Cu_{13})$-(Be_{23}) eutektisch auf (Liquidustemperatur $T_l=720\pm5°C=993\pm5K$, Solidustemperatur, eutektische Temperatur $T_E=664\pm10°C=937\pm10K$, Schmelzenthalpie $\Delta H_f=8.18kJ/g\text{-}atom$) [5, 116].

In Abbildung 4.2 ist eine ausgewählte Sequenz von jeweils 30 minütigen isothermen in-situ-Röntgenstreuspektren während der Kristallisation einer $Zr_{41}Ti_{13}Ni_{10}Cu_{13}Be_{23}$-Glasprobe gezeigt. Die Messungen entstanden bei verschiedenen Haltetemperaturen und Kristallisationsstadien mit Co-Strahlung unter Helium als Schutzgas.

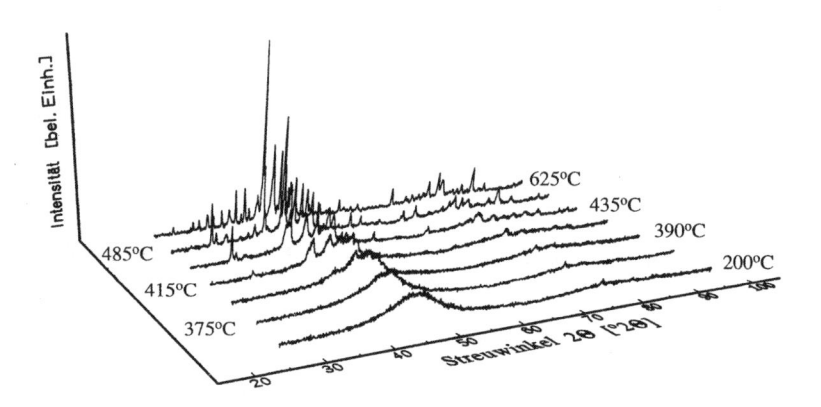

Abb. 4.2: In-situ-Röntgenstreuspektren während der Kristallisation einer $Zr_{41}Ti_{13}Ni_{10}Cu_{13}Be_{23}$-Glasprobe mit Co-Strahlung.

Die zeitlichen Abstände zwischen den aufgetragenen Messungen in Abbildung 4.2 betragen jeweils ca. 60min. Oberhalb der Temperaturen von 390°C (663K) ist die Bildung der kristallinen Phasen aus der unterkühlten Schmelze gut erkennbar. Die Kristallisation und

Entwicklung des kristallinen Gefüges ist ab ca. 550°C (823K) abgeschlossen (nicht im Diagramm gezeigt). Bis etwa 625°C (898K) ändert sich das Röntgenstreuspektrum nicht mehr, Probe ist dann vollständig kristallin. Isochrone Kristallisationsmessungen mit typischen Heizraten von 4K/min, wie in Abbildung 4.1 gezeigt, bestätigen dies. Aus dem Vergleich der temperaturabhängigen Streuspektren mit dem jeweiligen nachfolgenden Spektrum bei höherer Temperatur lassen sich diejenigen kristallinen Phasen, die neu gebildet werden, wachsen oder wieder zerfallen, identifizieren. Beim Aufheizen der Proben entstehen insgesamt mindestens drei unterschiedliche kristalline Phasen, die teilweise gleichzeitig kristallisieren (siehe Abschnitte 4.1.4 und 4.1.5).

4.1.2 Heizratenabhängige Glastemperaturen

Die Heizratenabhängigkeit der Glastemperatur ist in Abbildung 4.3 mit typischen Fehlerbalken für die Temperaturen aufgetragen. Die Abhängigkeit der Kristallisationstemperaturen folgt im Abschnitt 4.1.5.

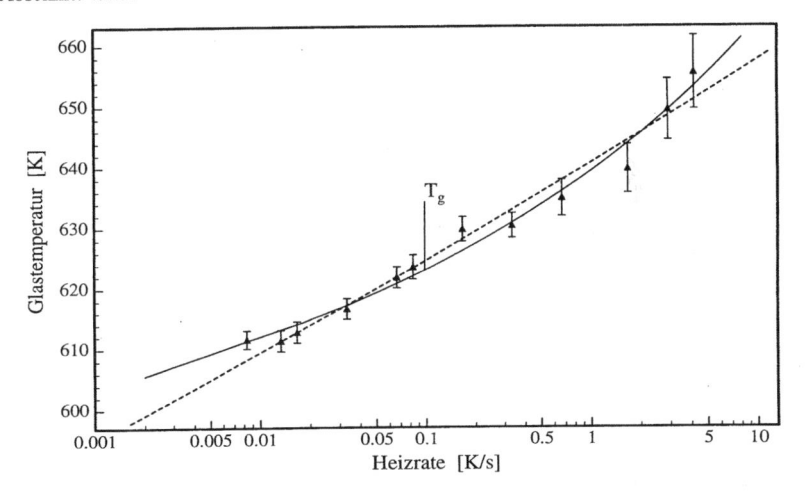

Abb. 4.3: Abhängigkeit der Glastemperatur T_g für $Zr_{41}Ti_{13}Ni_{10}Cu_{13}Be_{23}$ von der Heizrate $R = dT/dt$.

Mit größeren Heizraten R=dT/dt verschiebt sich die Glastemperatur T_g zu höheren Werten. Die Meßpunkte konnten durch einen Kurvenverlauf nach Vogel-Fulcher nach Gleichung 4.1 angepaßt werden.

$$T_g(R) = T_{g0} + \frac{A}{\ln(B/R)} \qquad 4.1$$

Bei linearem Arrhenius-Verhalten gilt Gleichung 4.2. C ist eine Konstante, k_B die Boltzmann-Konstante, N_A die Avogadrokonstante, Q die zugehörige Aktivierungsenergie.

$$T_g(R) = \frac{Q/(N_A k_B)}{\ln(C/R)} \qquad 4.2$$

Die angepaßten Parameter für Vogel-Fulcher-Verhalten nach Gleichung 4.1 und Arrhenius-Verhalten nach Gleichung 4.2 sind der Tabelle 4.1 zu entnehmen.

Tabelle 4.1: Parameter der Heizratenabhängigkeit nach Vogel-Fulcher und Arrhenius.

Zusammensetzung	$T_{g0} \pm \Delta T$ [K]	A [K]	B [K/s]	Q [kJ/g-atom]	C [K/s]
$Zr_{41}Ti_{13}Ni_{10}Cu_{13}Be_{23}$	546±15	1019	5.79·10^4	478.3	1.04·10^{39}

Die asymptotische Glastemperatur T_{g0} für verschwindende Heizrate (R=0) liegt innerhalb der Fehlergrenzen im Bereich der Kauzmann-Temperatur $T_{\Delta S=0}$=561K (siehe Abschnitt 4.1.6). Der Aktivierungsenergieterm A von 1019K (8.47kJ/g-atom bzw. 88meV) wird mit später abgeleiteten Energien verglichen. Die gestrichelte Linie in Abbildung 4.3 bezeichnet ein lineares Arrhenius-Verhalten der Glastemperatur mit einer Aktivierungsenergie von 478.3kJ/g-atom (4.96eV). Innerhalb der Fehlergrenzen der Meßpunkte und aufgrund von Ergebnissen am Caltech kann die Linearität auch nicht ausgeschlossen werden [117]. Vogel-Fulcher-Verhalten für die Glastemperatur bedeutet, daß T_{g0}=546±15K die obere erlaubte Grenztemperatur für den Glasübergang darstellt. Beim Arrhenius-Verlauf strebt die Glastemperatur mit verschwindender Heizrate gegen 0K. Deshalb kann Arrhenius-Verhalten auch als Grenzfall des Vogel-Fulcher-Gesetzes mit T_{g0}=0K aufgefaßt werden.

4.1.3 Entmischung in der unterkühlten Schmelze

In Abbildung 4.4 sind nach Überschreiten der Glasübergangstemperatur von 348°C (621K) deutlich drei aufeinanderfolgende exotherme Reaktionen (I, II und III) sichtbar. Bei der ersten Reaktion (I) handelt es sich um eine Entmischung (Onset bei etwa 396°C, 669K, geringfügig gegenüber Abbildung 4.1 verschoben) in der hochunterkühlten Schmelze und anschließender Bildung von kfz-Kristalliten. Diese ist thermisch aktiviert und verschiebt sich mit zunehmender Heizrate zu höheren Temperaturen (siehe nachfolgende Kissinger-Analyse in Abbildung 4.6). Die Entmischungsreaktion konnte durch eine Kombination von DSC-Messungen, Röntgenbeugung, Kleinwinkel-Neutronen-Streuexperimenten und elektronenoptischen Gefügeuntersuchungen aufgeklärt werden. Zu diesem Zweck wurden u.a. metallische Glasproben in der DSC isochron mit 4K/min bis zum Abschluß der exothermen Entmischungsreaktion bei etwa 420°C (693K) aufgeheizt (siehe Abbildung 4.4, untere Kurve) und anschließend schnell auf Raumtemperatur abgekühlt (mit ca. 200K/min), um den eingestellten Gefügezustand einzufrieren.

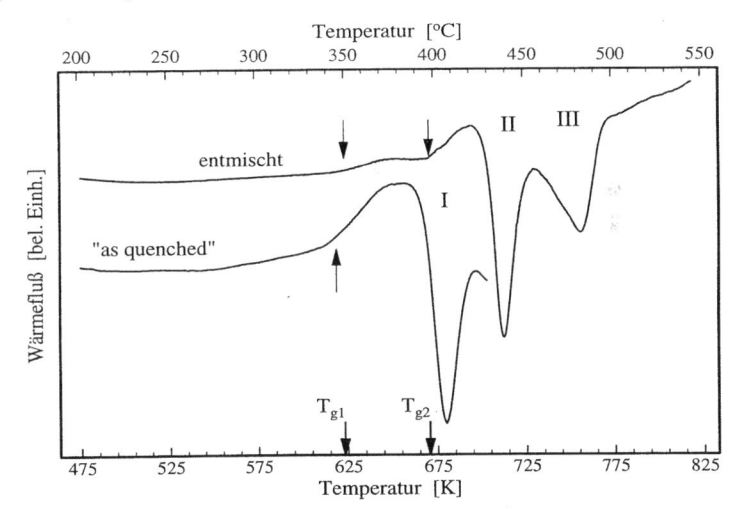

Abb. 4.4: Wärmeflußsignal der DSC beim Aufheizen einer $Zr_{41}Ti_{13}Ni_{10}Cu_{13}Be_{23}$-Glasprobe bis zum Abschluß der Entmischung (untere Kurve), abgeschreckt auf 25°C, anschließendes Wiederaufheizen mit gleicher Heizrate bis zur Kristallisation (obere Kurve).

Untersuchungen der abgeschreckten Proben im REM im Elementkontrastverfahren (Rückstreubild) ließen keinerlei Phasengrenzen bzw. Konzentrationsunterschiede erkennen. Einen ersten Hinweis auf die Entmischungsreaktion liefert das Röntgenstreubild einer entmischten und anschließend abgeschreckten Probe (untere Kurve) in Abbildung 4.5 im Vergleich zu einer nicht entmischten Probe (obere Kurve).

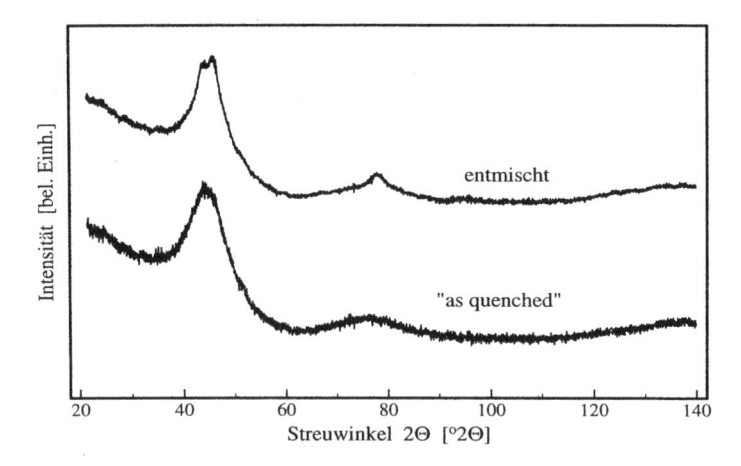

Abb. 4.5: Röntgenstreuspektren einer unrelaxierten $Zr_{41}Ti_{13}Ni_{10}Cu_{13}Be_{23}$-Glasprobe und einer in der unterkühlten Schmelze entmischten, abgeschreckten Glasprobe.

Man erkennt deutlich die Unterschiede im Streuverhalten. Die nicht entmischte Probe zeigt keine kristallinen Anteile, sondern zwei unmodulierte, glatte Streumaxima. Das erste Maximum der Probe im entmischten Zustand ist in zwei Nebenmaxima aufgespalten. Das zweite Maximum ist im Schwerpunkt schärfer ausgeprägt. Das Streumuster ist ein Hinweis auf die Bildung einer nanokristallinen kubisch-flächen-zentrierten (kfz) Phase, deren Steuintensität dem amorphen Spektrum überlagert ist [9]. Die Auswertung der zugehörigen Reflexlagen und Reflexbreiten ergibt einen Gitterparameter der kfz-Phase von etwa 4.0Å ($1Å=1\cdot10^{-10}$m) bei einer unteren Grenze der Kristallitgrößen von 4nm (Scherrer-Formel). Hochauflösende TEM-Aufnahmen zeigen ebenfalls im Entmischungsbereich kleinste nm große kfz-Kristallite, die sich bei Temperaturen bis etwa 447°C (720K) bilden. Die genaue atomare Zusammensetzung ist bislang aber noch unklar [118, 119]. TEM-Untersuchungen am Hahn-Meitner-Institut an entmischten $Zr_{41}Ti_{13}Ni_{10}Cu_{13}Be_{23}$-Gläsern lassen eine Aufspaltung des ersten diffusen Beugungsringes erkennen und ergänzen damit die Röngenstreuspektren der exakt unter gleichen Bedingungen entmischten Proben dieser Arbeit. Neueste Analysen mit temperaturaufgelöster Neutronen-Kleinwinkel-Streuung bestätigen ebenfalls das Entmischungsverhalten in der unterkühlten Schmelze oberhalb einer Grenztemperatur von ca. 350°C (623K) [119]. Die Grenztemperatur von 350°C (623K) steht im Einklang mit isochronen DSC-Messungen der Heizrate von 0.1K/min, die das Einsetzen der Entmischung oberhalb etwa 355°C (628K) im Wärmeflußsignal dokumentieren.

Einen weiteren Beleg für die Entmischungsreaktion in der unterkühlten Schmelze liefert eine zweite isochrone DSC-Aufheizkurve der entmischten Probe mit gleicher Aufheizrate von 4K/min in Abbildung 4.5 (obere Kurve). Man erkennt im Vergleich zum ersten Aufheizlauf deutlich, daß keine exotherme Reaktion mehr auftaucht (d.h. die Entmischung und die Bildung der Kristallite sind irreversibel). Zum anderen hat die Entmischung in zwei Glasphasen mit unterschiedlicher Zusammensetzung zur Folge, daß zwei getrennte endotherme Glasübergänge bei T_{g1}=349°C (622K) und T_{g2}=398°C (671K) (obere Kurve mit Pfeilen bei T_{g1} und T_{g2}) auftreten.

Der erste Glasübergang bei 349°C (622K) im entmischten Zustand ist nahezu mit der Glastemperatur identisch, die man auch im ersten Aufheizlauf bei gleicher Heizrate erhält. Der Glasübergang bei T_{g1} ist als Folge der Entmischung beim zweiten Lauf schwächer ausgeprägt. Der zweite Glasübergang bei 398°C (671K) trat vorher nicht auf. Bei weiterem Aufheizen kristallisiert die Probe in zwei aufeinanderfolgenden exothermen Reaktionen (II und III). Der Beginn der Kristallisationspeaks und auch die Lagen der Maxima stimmen mit denen einer nicht entmischten Probe bei gleicher Heizrate innerhalb ±5°C überein. Das exotherme Wärmeflußsignal während des Aufheizvorganges der „as quenched" Probe in Abbildung 4.4 kann deshalb als Entmischungsreaktion unter nachfolgender Bildung kleinster nm großer Kristallite [119] bezeichnet werden.

Die Abhängigkeit der (Onsets der) Entmischungstemperatur T_{ll} von der Heizrate R ist in

Abbildung 4.6 nach Kissinger aufgetragen.

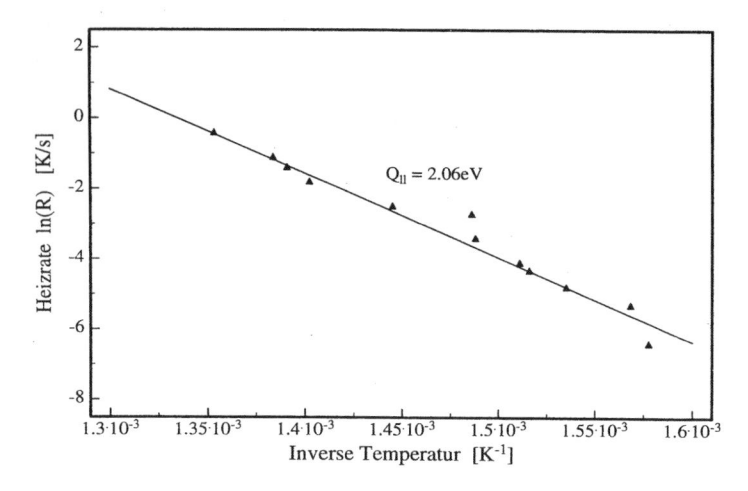

Abb. 4.6: Kissinger-Plot der Heizratenabhängigkeit der Entmischungstemperatur und der Bildung von kfz-Kristalliten bei T_{ll} vom Massivglas $Zr_{41}Ti_{13}Ni_{10}Cu_{13}Be_{23}$.

Der Zusammenhang zwischen T_{ll} und R ist linear mit einer Aktivierungsenergie Q_{ll} (Steigung der Kurve) von 2.06eV.

Beispiele für Entmischungsreaktionen in der amorphen Phase sind bei einigen metallischen Gläsern Pd-Au-Si [120], Pd-Ni-P [121], Au-Pb-Sb [122] und Zr-Ti-Be [123] in der Literatur bekannt. Für eine Reihe verschiedener Zusammensetzungen, z.B. $Zr_{36}Ti_{24}Be_{40}$, konnten Tanner und Ray zum einen zwei getrennte Glasübergänge im DSC-Aufheizverhalten und zum anderen zwei verschiedene mäanderformig ineinander verschlungene amorphe Phasen bei TEM-Aufnahmen feststellen. Beide Befunde sind charakteristisch für ein entmischtes Glas. Eine Phasenanalyse zur Bestimmung der Konzentrationsunterschiede gelang aber nicht [123]. Calphad-Rechnungen zum binären System Zr-Ti weisen auf eine Mischungslücke im Bereich der unterkühlten Schmelze hin, die sich in den ternären Bereich weiter fortsetzt [124]. Für die $Zr_{41}Ti_{13}Ni_{10}Cu_{13}Be_{23}$-Legierung weisen neue Untersuchungen auf eine Entmischungstendenz zwischen Zr und Be beim langsamen Abkühlen der Schmelze unterhalb der eutektischen

Temperatur hin [118]. Die Aktivierungsenergien nach Arrhenius für die Selbstdiffusion von Beryllium liegen für $Zr_{41}Ti_{13}Ni_{10}Cu_{13}Be_{23}$ bei etwa 1.05eV im Glaszustand und 4.47eV in der unterkühlten Schmelze [125]. Die aus der Kissinger-Analyse berechnete Aktivierungsenergie von 2.06eV für die Entmischung ist konstant und liegt damit innerhalb des Intervalles der Be-Daten.

Auswertungen der Elementverteilungsaufnahmen der Gefüge (siehe Abschnitt 4.1.5) einer aus der stabilen Schmelze kristallisierten und einer aus der unterkühlten Schmelze kristallisierten Probe bestätigen eine chemische Entmischung vor der Kristallisation. Beide Proben zeigen Gefügebereiche mit deutlichen Konzentrationsunterschieden zwischen Zr und Ti. Während Zr in den relativ hellen Phasen mit hoher Konzentration vorkommt, ist Zr in den dunkleren Ti reichen Phasen mit geringerer Konzentration vertreten (siehe Abschnitt 4.1.5 mit Abbildung 4.13).

Durch langes isothermes Halten im Entmischungsbereich kann dadurch gezielt und bevorzugt eine Phase kristallisiert werden [126]. Durch eine Erhöhung des Berylliumanteils bei gleichzeitiger Verringerung der Titankonzentration in der Legierungszusammensetzung kann die Entmischung oberhalb eines Berylliumanteiles von ca. 27at% verhindert werden. Dies hat zur Folge, daß das erste exotherme Maximum (I) in der unteren Kurve in Abbildung 4.4 verschwindet, die nachfolgenden zwei getrennten Kristallisationsereignisse (II und III) jedoch erhalten bleiben [118].

4.1.4 Isothermes Kristallisationsverhalten

Die isotherme Kristallisation von $Zr_{41}Ti_{13}Ni_{10}Cu_{13}Be_{23}$-Glas ist unterhalb 400°C (673K) einstufig, oberhalb ein zweistufiger Prozeß. Bei einer Haltetemperatur von 400°C (673K) zeigt sich noch ein einzelnes ca. 40min breites Kristallisationsmaximum. Ab 410°C (683K) kommt ein zweites, zeitlich getrenntes Maximum hinzu. Abbildung 4.7 zeigt zum Vergleich die Wärmeflußsignale zweier isothermer bei den Haltetemperaturen von 420°C (693K) und 440°C (713K) kristallisierenden Massivglasproben.

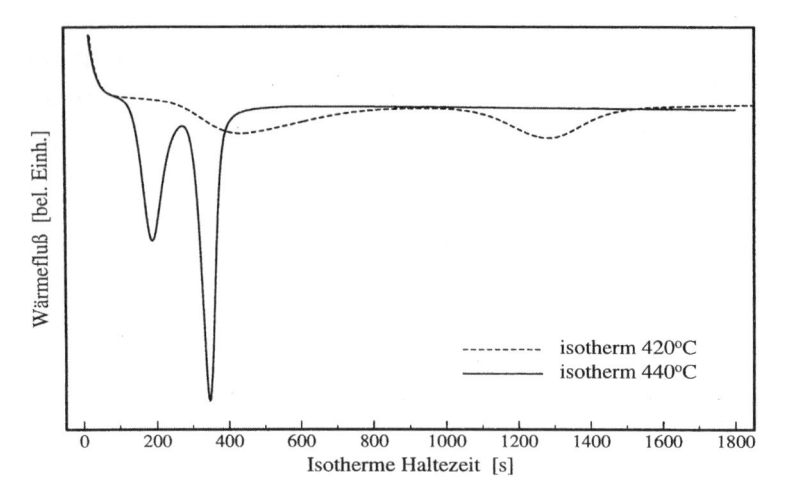

Abb. 4.7: Isotherme Wärmeflußsignale einer bei 420°C (693K) und einer bei 440°C (713K) kristallisierten $Zr_{41}Ti_{13}Ni_{10}Cu_{13}Be_{23}$-Glasprobe.

Beide Wärmeflußsignale überlappen mit höherer Haltetemperatur, da die Kristallisationsprozesse zunehmend schneller ablaufen. Daß es sich bei allen exothermen Umwandlungen auch tatsächlich um die Bildung kristalliner Phasen handelt, konnte durch Röntgenstreuexperimente und ergänzende REM-Aufnahmen im Elementkontrast nachgewiesen werden. Proben, die nach dem ersten Kristallisationsereignis und einer Haltetemperatur von 445°C (718K) abgeschreckt und im Röntgendiffraktometer untersucht wurden, zeigten, daß sich beim ersten Kristallisationsereignis (und während des Abkühlvorganges) mindestens zwei unterschiedliche kristalline Phasen gleichzeitig bildeten.

Die Ergebnisse der JMA-Analyse nach Gleichung 2.29 $\ln(1-f)=n\ln(t-\tau)+n\ln k$ für den ersten und zweiten Kristallisationspeak der isothermen Kristallisationsmessungen sind in den Tabellen 4.3 und 4.4 zusammengefaßt.

Tabelle 4.3: Erstes Kristallisationsmaximum, mit Gleichung 2.29 ausgewertet.

Temperatur [°C] [K]	Avrami-koeff. n	Transiente τ [s]	F-Faktor k [$10^{-3}s^{-1}$]	50% $\tau_{0.5}$ [s]	Peakfläche [J/g-atom]
400 673	2.68	528	1.30	762	802
410 683	1.82	353	2.21	354	1230
420 693	2.41	168	2.40	328	1870
430 703	2.59	136	4.31	188	1990
440 713	2.17	113	11.5	80.7	1760
450 723	3.84	67.3	11.2	76.6	1740
460 733	2.09	54.4	14.34	54.7	1900
470 743	2.49	37.7	13.9	48.7	1900
Aktivierungsenergie [eV]	-	1.69	1.68	1.74	-

Tabelle 4.4: Zweites Kristallisationsmaximum, mit Gleichung 2.29 ausgewertet.

Temperatur [°C] [K]	Avrami-koeff. n:=4	Transiente τ [s]	F-Faktor k [$10^{-3}s^{-1}$]	50% $\tau_{0.5}$ [s]	Peakfläche [J/g-atom]
400 673	-	-	-	-	-
410 683	4.00	1647	0.86	1131	706
420 693	4.00	813	2.67	467	2110
430 703	4.00	473	4.71	197	2180
440 713	4.00	225	7.11	120	2700
450 723	4.00	163	12.0	77.4	3030
460 733	4.00	109	16.2	58.1	3000
470 743	4.00	68	20.2	47.4	3260
Aktivierungsenergie [eV]	-	2.30	2.32	2.28	-

Die Flächen der isothermen Kristallisationen nehmen bis etwa 440°C (713K) zu und bleiben anschließend konstant. Ein der Kristallisation nachfolgendes Aufheizen der Proben mit 10K/min bis auf 600°C (873K) zeigt bei isothermer Kristallisation unterhalb 430°C (703K) zwei weitere exotherme (Kristallisations) Ereignisse, oberhalb 430°C (703K) noch einen weiteren Peak mit einer Umwandlungswärme von ca. 420J/g-atom. Die Ergebnisse von Röntgenstreuexperimenten an isotherm kristallisierten Proben ohne anschließendes Aufheizen zeigen, daß die Proben jeweils noch amorphe, nicht kristalline Bereiche haben. Diese Bereiche kristallisieren bei weiterem Aufheizen in der DSC und ein amorpher Untergrund ist in den Röntgenstreuspektren nicht mehr sichtbar.

Bei der JMA-Auswertung des ersten Peaks ergibt sich ein mittlerer Avramikoeffizient von $n=2.5$. Dieser Wert ist typisch für diffusionskontrolliertes Wachstum sphärischer Keime mit konstanter Keimbildungsrate [68 mit Referenzen]. Für eine Linearisierung der graphischen Auftragung von $\ln(-\ln(1-f))$ über $\ln(t-\tau)$ (Avrami-Plot) ist die Einführung einer Transienten $\tau \neq 0$ notwendig. In Abbildung 4.8 sind als Beispiel die umgewandelten Flächenanteile des zweiten Kristallisationspeaks für die isotherme Kristallisation bei 410°C über der mit der Transienten korrigierten Haltezeit aufgetragen.

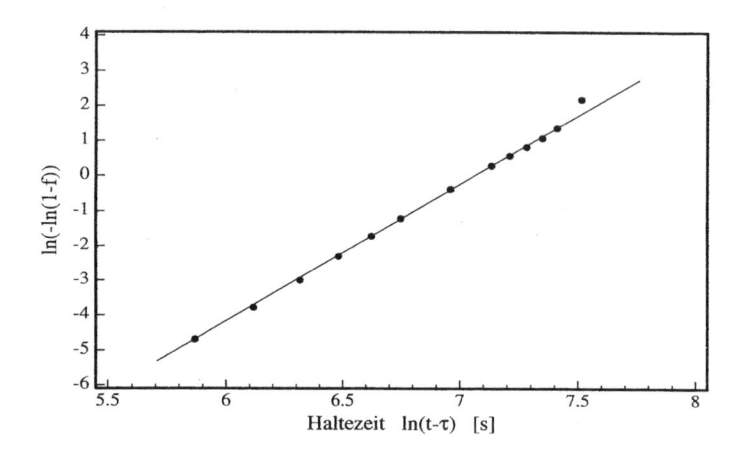

Abb. 4.8: Auftragung der umgewandelten Flächenanteile f des zweiten Kristallisationspeaks für die isotherme Kristallisation bei 410°C über der mit der Transienten τ korrigierten Haltezeit t.

Aus der Abbildung 4.8 ist die Linearisierung des umgewandelten Flächenanteiles f des Kristallisationspeaks mit den in Tabelle 4.3 angegebenen Parametern für den Avramikoeffizienten n, den Frequenzfaktor und die Transiente bei 410°C ersichtlich. Die Transiente τ, der Frequenzfaktor k und die 50%-Umwandlungszeit $\tau_{0.5}$ hängen von der isothermen Kristallisationstemperatur ab. Die zugehörige Aktivierungsenergie (Kissinger-Plot: ln(Meßgröße) über 1/T nach Gleichung 2.28) ist für alle drei Größen mit ca. 1.7eV übereinstimmend. Eine Änderung der zugehörigen Aktivierungsenergien kann innerhalb der Streuung der angepaßten Daten nicht in Abhängigkeit der isothermen Kristallisationtemperatur unterstellt werden.

Bei der Analyse des zweiten Kristallisationspeaks war ein sinnvolles Linearisieren der JMA-Gleichung nur durch eine Transiente τ und die Annahme eines konstanten Avramikoeffizienten n=4 wie in Abbildung 4.9 gezeigt möglich. D.h. der Zahlenwert des Avramikoeffizienten gibt keinen Hinweis darauf, ob die bereits vorliegenden entmischten Bereiche bzw. kristallinen Phasen als Keime für die nachfolgende Kristallisation wirken. Andere realistische n-Werte ergaben eine weit größere Abweichung der Fitfunktion vom Verlauf der Meßdaten. Dem charakteristischen Avramikoeffizienten n=4 ordnet man im allgemeinen einen grenzflächenkontrollierten Wachstumsprozeß mit konstanter Keimbildungsrate zu [68]. Die Temperaturabhängigkeit der Parameter k, τ und $\tau_{0.5}$ ist ähnlich wie bei der Analyse des ersten Peaks. Auch die Aktivierungsenergien stimmen mit ca. 2.3eV gut überein und weisen, wie im Fall des ersten Kristallisationsereignisses, auf einen gemeinsamen ratenbestimmenden Prozeß, diffusionskontrolliertes Keimwachstum, hin.

4.1.5 Isochrones Kristallisationsverhalten und Gefügeentwicklung

Der Ablauf der Kristallisation von $Zr_{41}Ti_{13}Ni_{10}Cu_{13}Be_{23}$-Glasproben bei konstanter Heizrate aus der hochunterkühlten Schmelze wird durch eine Entmischungsreaktion (I) bei einer Temperatur T_{II} in der Schmelze (siehe Abschnitt 4.1.3) eingeleitet. In Abbildung 4.1 ist das vollständige Kristallisationsverhalten bei einer Heizrate von 4K/min gezeigt. Nach dem exothermen Entmischungspeak bei gleichzeitiger Bildung von kfz-Kristalliten folgen zwei Kristallisationsereignisse (II und III) bei T_{x1} und T_{x2}.

Andeutungsweise ist auch noch ein nachfolgender dritter exothermer Peak zu erkennen. Die Änderung der Aufheizgeschwindigkeit des metallischen Glases verschiebt die Peaktemperaturen und verändert die Anteile der drei exothermen Peaks an der Kristallisationsgesamtenthalpie.

Während bei kleinster Heizrate von 0.3K/min der Kristallisationspeak (III) mit 50% Gesamtanteil der Reaktionsenthalpie dominiert, verschiebt sich mit höherer Rate der Schwerpunkt auf den Kristallisationspeak (II). Bei 50K/min spielen die Entmischungsreaktion und der Kristallisationspeak (III) mit zusammen 20% Anteil nur noch eine geringe Rolle. Die Folgerung, daß die Entmischung in eine Zr- und Ni-reiche Phase vor allem die Bildung der beim dritten exothermen Peak kristallisierenden Phasen fördert, liegt deshalb nahe. Sie wird durch Untersuchungen isotherm ausgelagerter Proben im Bereich der Entmischungstemperatur T_{II} unterstützt [126].

Bei höheren Heizraten als 75K/min kann die Entmischungsreaktion aufgrund besserer kinetischer Bedingungen für Keimbildung und Keimwachstum in der unterkühlten Schmelze nicht mehr als exothermer Vorläufer in DSC-Aufheizkurven identifiziert werden. Die Kristallisation der Schmelze „schmiert" zu einem einzigen breiten exothermen Peak aus.

Wie im vorhergehenden Abschnitt bereits angedeutet wurde, verschieben sich die Anfangspunkte und Maxima der Kristallisationsereignisse mit höherer Aufheizgeschwindigkeit zu größeren Temperaturen. Dieses Verhalten ist typisch für thermisch aktivierte Prozesse. In den Abbildungen 4.9a und 4.9b sind die Peaktemperaturen T_p für das erste (II) und zweite (III) Kristallisationsereignis nach der Entmischung (+kfz-Kristallitbildung) in Abhängigkeit der Heizrate R=dT/dt nach der modifizierten Kissinger-Analyse (Gleichung 2.20) $(-1/m)\ln(R^n/T_p^2)=Q/(RT_p)+C$ aufgetragen.

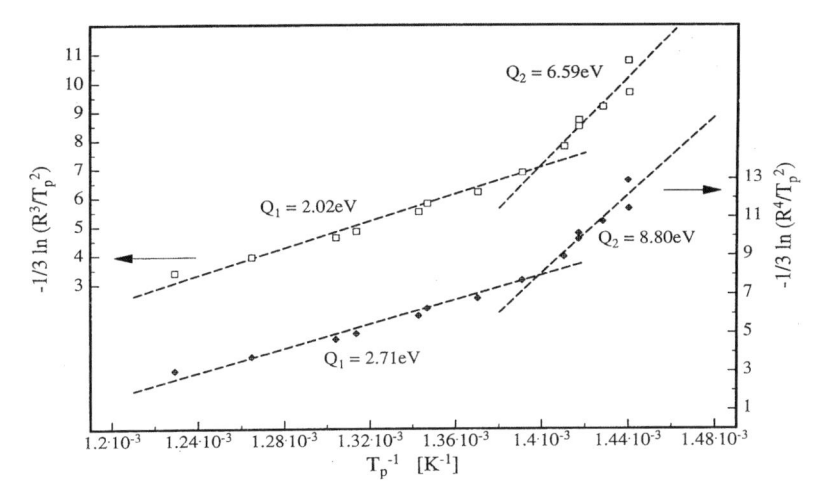

Abb. 4.9a: Peaktemperaturen T_p des ersten Kristallisationspeaks (II) in Abhängigkeit von der Heizrate R, angefittet mit modifizierter Kissinger-Gleichung 2.20 (linke Abszisse □: bereits vorhandene Keime, rechte Abszisse ♦: ohne bereits vorhandene Keime).

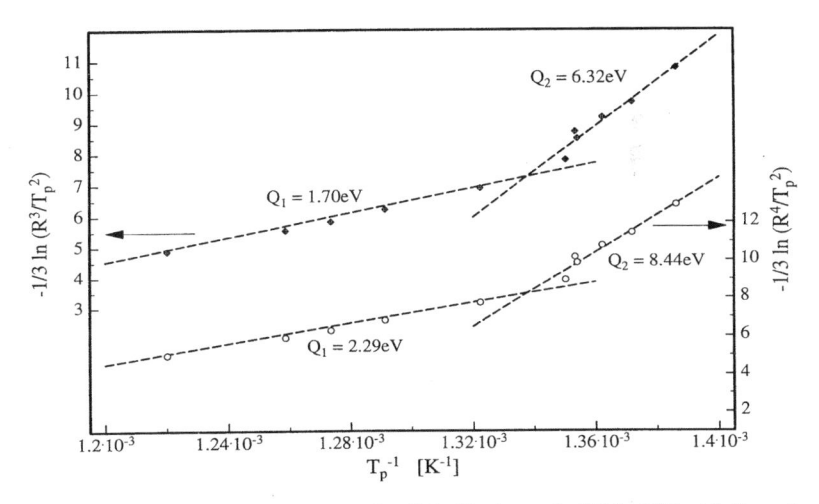

Abb. 4.9b: Peaktemperaturen T_p des zweiten Kristallisationspeaks (III) in Abhängigkeit von der Heizrate R, angefittet mit modifizierter Kissinger-Gleichung 2.20 (linke Abszisse ♦: bereits vorhandene Keime, rechte Abszisse ○: ohne bereits vorhandene Keime).

In den Abbildungen enthalten sind jeweils die angepaßten Geraden der modifizierten Kissinger-Analyse ($-1/m \cdot \ln[R^n/T_p^2]$ über $1/T_p$) mit $n=4$, $m=3$ und $n=m=3$. D.h. die Auswertung unter der Annahme einer Kristallisation mit bereits vorhandenen Keimen ($n=m=3$) kann mit der Kristallisation ohne bereits vorhandenen Keimen ($n=4$, $m=3$) verglichen werden. Der Verlauf der Datenpunkte für beide Kristallisationsereignisse zeigt ein Abknicken der Steigungen bei einer Aufheizrate zwischen 2K/min und 3K/min. Verbunden mit dem Abfall der Steigung für höhere Heizraten (>3K/min) ist ein Abfall der zugehörigen Aktivierungsenergien und ein starker Anstieg der Kristallisationsenthalpie des ersten Kristallisationsereignisses bei T_{x1}.

Eine Entscheidung, welche der beiden Parametersätze $n=4$ und $m=3$ oder $n=m=3$ gültig ist, kann aus der Güte der jeweiligen Anpassung der Geraden an die Meßdaten nicht eindeutig abgeleitet werden. Naheliegend ist jedoch die Vermutung, daß sich die Keime erst während der Aufheizphase bilden (entmischte Bereiche) und anschließend wachsen, d.h. $n=4$ und $m=3$. Unterstützt wird diese Vermutung dadurch, daß in REM-Aufnahmen nach der Probenherstellung vereinzelt Kristallite in der amorphen Matrix identifiziert werden können, die als potentielle heterogene Keimbildner jedoch keinerlei Wirkung bei Kristallisationsvorgängen in der unterkühlten Schmelze zeigten. Für die Entmischung und nachfolgende Keimbildung müssen daher andere Mechanismen als bereits vorhandene, eingefrorene Keime wirksam sein. Die eindeutige Klärung des Problems, welcher Keimbildungsmechanismus vorliegt, kann nur mithilfe des Transmissions-Elektronen-Mikroskops und in-situ-Kristallisationsuntersuchungen erfolgen.

Zum Vergleich der Daten einer modifizierten Kissinger-Analyse nach Gleichung 2.20 mit der klassischen Kissinger-Analyse nach Gleichung 2.28 (Plot von $\ln(R)$ über $1/T_p$, R=Heizrate) sind in der nachfolgenden Tabelle 4.5 alle Aktivierungsenergien gegenübergestellt.

Tabelle 4.5: Vergleich der Aktivierungsenergien bei der isochronen Kristallisation.

	klass. Kissinger Gleich. 2.28 $Q_1 \quad Q_2$ [eV]	mod. Kissinger $m=n=3$, Gleich. 2.20 $Q_1 \quad Q_2$ [eV]	mod. Kissinger $m=3$, $n=4$, Gleich. 2.20 $Q_1 \quad Q_2$ [eV]
1. Peak	2.22 6.08	2.02 6.59	2.71 8.80
2. Peak	2.59 5.33	1.70 6.32	2.29 8.44

Auch bei klassischer Behandlung der Heizratenabhängigkeit nach Kissinger zeigt sich eine Änderung der Steigung zwischen einer Heizrate von 2K/min und 3K/min. Die berechneten Aktivierungsenergien zwischen 1.7eV und 2.7eV für Heizraten oberhalb 3K/min liegen im Bereich bekannter Aktivierungsenergien für die Kristallisation metallischer Gläser [65, 74]. Die hohen Aktivierungsenergien für kleinere Heizraten zwischen 5.3eV und 8.8eV sind unphysikalisch groß und deuten auf komplizierte zugrundeliegende Prozesse in der unterkühlten Schmelze hin.

Die Mikrostruktur der bei den isochronen Kristallisationen entstehenden Gefüge hängt von der Aufheizrate ab [127]. In Abbildung 4.10 sind zum Vergleich die Röngenstreuspektren einer nahe der eutektischen Temperatur langsam kristallisierten Probe (X-SL, oberes Spektrum) und einer bei niedriger Aufheizrate von etwa 5K/min aus der unterkühlten Schmelze kristallisierten Probe (X-UL, unteres Spektrum) gezeigt. Mit „X-SL" seien im folgenden alle aus der stabilen Schmelze nahe der eutektischen Temperatur kristallisierten Proben bezeichnet, mit „X-UL" alle aus der unterkühlten Schmelze oberhalb der Glasübergangstemperatur kristallisierten Proben.

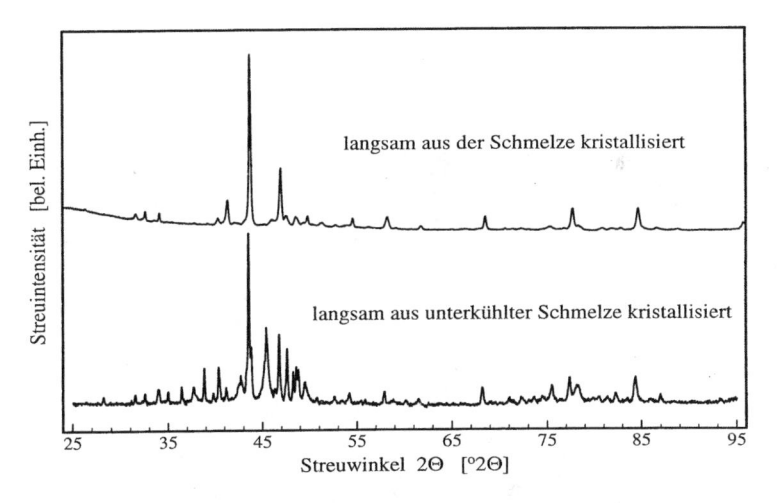

Abb. 4.10: Vergleich der Röntgenstreuspektren einer langsam aus der Schmelze nahe der eutektischen Temperatur kristallisierten Probe mit einer langsam aus der unterkühlten Schmelze kristallisierten Probe (Co K_α-Strahlung).

Der Vergleich der Streuspektren zeigt, daß die entstehenden kristallinen Gefüge Phasengemische mit unterschiedlichen kristallinen Phasen darstellen. Ein beiden Spektren gemeinsamer dominierender Reflex weist auf eine in beiden Gefügen vorkommende (Zr-reiche, hexagonale) kristalline Phase hin.

In den Abbildungen 4.11 und 4.12 sind zum Vergleich jeweils eine REM-Aufnahme im Elementkontrast des Gefüges einer aus der stabilen Schmelze kristallisierten Probe (X-SL, 4.11) (Abkühlrate ca. 50K/min) und des Gefüges einer bei einer Aufheizrate von 1K/min aus der unterkühlten Schmelze (X-UL, 4.12) vollständig kristallisierten und bei 600°C (873K) für 5h getemperten Probe gezeigt.

Die Unterschiede in der Gefügestruktur treten in den Abbildungen 4.11 und 4.12 deutlich hervor. Die aus der stabilen Schmelze kristallisierte Probe zeigt ein aus abwechselnd hellen und dunklen Bereichen bestehendes lamellares, eutektisches Gefüge in regelloser Orientierung. Bevorzugt in den dunkleren Lamellen zeigen sich statistisch verteilte schwarze globulare Ausscheidungen im Durchmesser von typisch 1μm. Die einzelnen Lamellen haben Dicken von 5-15μm bei einer Länge von 200μm.

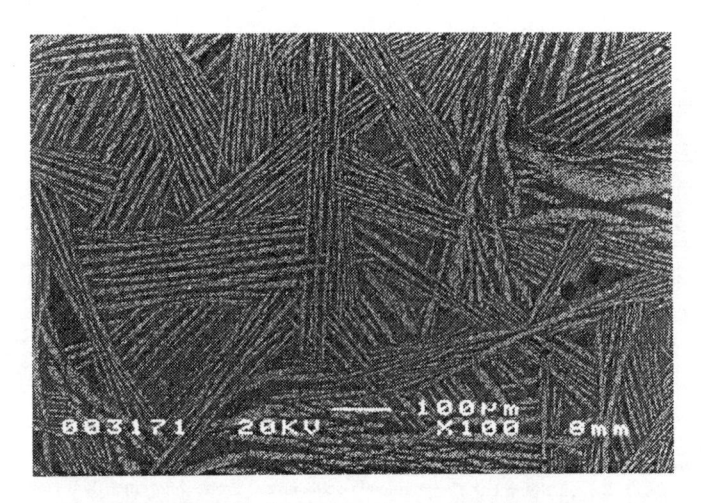

Abb. 4.11:   REM-Aufnahme im Elementkontrast des Gefüges einer aus der stabilen Schmelze kristallisierten Probe.

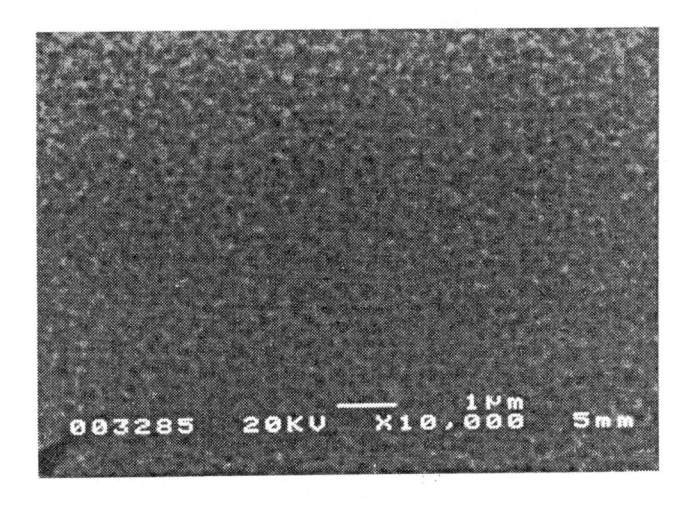

Abb. 4.12: REM-Aufnahme im Elementkontrast des Gefüges einer aus der unterkühlten Schmelze bei einer Aufheizrate von 1K/min kristallisierten Probe.

Die Kombination von EDX-Elementverteilungsbildern in Abbildung 4.13 und EDX-Punktanalysen hat für die relativen Zusammensetzungen der einzelnen Gefügebereiche folgendes ergeben: Die hellen Bereiche sind Zr- und Cu-reich, aber Ti- und Ni-arm, während die dunklen Lamellen entgegengesetztes Verhalten zeigen. Die Verteilungsbilder für Zr (4.13, oben links), Ti (4.13, oben rechts), Ni (4.13, unten links) und Cu (4.13, unten rechts) stellen jeweils den gleichen Gefügeausschnitt aus der Lamellenstruktur dar, wie in Abbildung 4.11 gezeigt, und demonstrieren die Unterschiede der Elementhäufigkeiten.

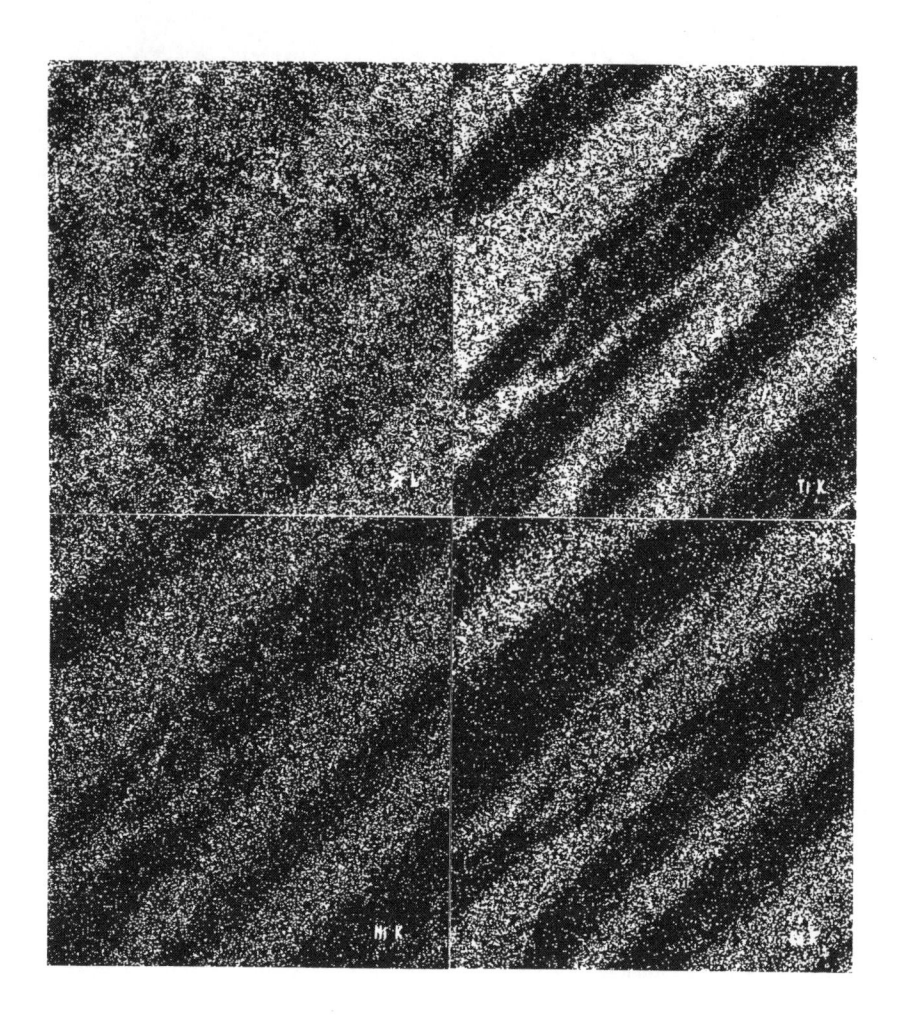

Abb. 4.13: Elementverteilungsbilder des kristallinen Gefüges (X-SL) für die Elemente Zr (oben links), Ti (oben rechts), Ni (unten links) und Cu (unten rechts) für eine nahe der eutektischen Temperatur langsam kristallisierte $Zr_{41}Ti_{13}Ni_{10}Cu_{13}Be_{23}$-Schmelze.

Die punktförmigen schwarzen Bereiche treten hauptsächlich in den dunklen Lamellen auf und zeigen die höchste Be-Konzentration. Bei höheren Vergrößerungsfaktoren als in Abbildung 4.11 zeigen die dunklen Lamellen in sich verschlungene mäanderförmige Strukturen, die auf eutektische Erstarrung schließen lassen. Die schwarzen Punkte sind nicht homogen, sondern zweiphasig mit einem schwarzen Kern, umgeben von einem helleren Hof. Damit sind insgesamt fünf verschiedene Phasen in der aus der stabilen Schmelze kristallisierten Probe auflösbar.

Die aus der unterkühlten Schmelze bei einer Heizrate von 1K/min kristallisierte Probe in Abbildung 4.12 zeigt ein wesentlich feineres (bereits nanokristallines) Gefüge mit Korngrößen im Bereich von 100nm ohne Anzeichen von Lamellen. Das X-UL-Gefüge setzt sich analog dem X-SL-Gefüge aus hellen, dunklen und schwarzen Anteilen zusammen. Punkt- und Flächenanalysen weisen auf die gleichen Konzentrationsunterschiede wie im Fall der X-SL-Proben hin (helle Kristallite Zr- und Cu-reich, aber Ti- und Ni-arm, dunkle Kristallite umgekehrt, schwarze Punkte extrem Be-reich). Da Beryllium bei allen durchgeführten Phasenanalysen nur indirekt nachweisbar war, konnten keine Absolutwerte für Phasenzusammensetzungen angegeben werden, sondern lediglich relative Differenzen zu den Nachbarphasen. Hinzu kommen Strukturen im 100nm-Bereich, die für verläßliche quantitative Auswertungen (EDX) unterhalb der Auflösungsgrenze liegen.

Die Entwicklung der kristallinen Gefüge in den Abbildungen 4.11 und 4.12 kann anhand der binären Phasendiagramme, der verschiedenen und sich ergänzenden Untersuchungsmethoden (DSC, REM, Röntgendiffraktometer), sowie Arbeiten an binären und ternären Be-haltigen metallischen Legierungen [99, 123, 128, 129] interpretiert werden. Darüberhinaus gilt die Ostwaldsche Stufenregel [130]. Auf die Kristallisation einer Schmelze übertragen, besagt diese Regel, daß die Kristallisation nicht sofort in den stabilsten kristallinen Zustand erfolgt, sondern stufenweise in den jeweiligen energetisch am naheliegendsten, möglicherweise metastabilen Zustand. Auf die Entmischungstendenz zwischen Zr und Ti in der unterkühlten Schmelze wurde bereits hingewiesen. Auch im binären Phasendiagramm von Cu und Ni ist eine theoretisch berechnete Mischungslücke unterhalb 354.5°C (628K) bei 65.5at% Ni vorhanden [131]. Für Zr und Cu, sowie Zr und Ni sind keine Mischungslücken im stabilen Gleichgewichtsphasendiagramm bekannt [131]. Die Verteilungsbilder der vollständig kristallinen Gefüge einer aus der stabilen Schmelze kristallisierten Probe (Abbildung 4.11) und einer aus der unterkühlten Schmelze kristallisierten Probe zeigen genau diese Tendenzen. Zr-reiche Gefügebereiche sind Ti-arm (Abbildung 4.13 oben), Ni-reiche Phasen sind Cu-arm (Abbildung 4.13 unten) und umgekehrt. Be bildet mit Ni und Cu hauptsächlich Mischkristalle mit jeweiligen Randlöslichkeiten von ca. 5at% bei 600°C (873K). Die Randlöslichkeiten von Be in Zr und Ti sind verschwindend klein. Be bildet mit beiden Elementen eine Reihe stabiler intermetallischer Phasen. Die der Stöchiometrie der Legierung am nächsten liegenden intermetallischen Phasen sind $ZrBe_2$ und die Laves-Phase $TiBe_2$.

Mithilfe der hier zur Verfügung stehenden Methoden zur Identifizierung der kristallinen Phasen (Vergleich der Reflexlagen mit kartierten Daten der ICDD-Datenbank) war eine Zuordnung bisher nicht möglich. Der Grund liegt darin, daß aufgrund der Komplexität der Legierung keine reinen, durch Fremdatome unverzerrte Kristallgitter (Phasen) gebildet werden. Die geänderten Gitterparameter haben andere Reflexlagen. Die Bildung neuer unbekannter metastabiler kristalliner Phasen ist aufgrund der bereits erwähnten Ostwaldschen Stufenregel sehr wahrscheinlich und für Zr-Ti-Be-Legierungen aus der Literatur bekannt [129, 132, 133].

Für die Entstehung der in Abbildung 4.11 und 4.12 gezeigten kristallinen Gefüge werden folgende Mechanismen für stabile und unterkühlte Schmelzen vorgeschlagen: Nach Entmischung der stabilen Schmelze scheidet sich primär die lamellare (helle) Zr- und Cu-reiche Phase aus (hexagonale Phase mit entsprechendem dominierenden Reflex im Streuspektrum). Die Lamellen wachsen in Richtung der Lamellenebenen bis sie gegenseitig aneinanderstoßen. Anschließend erstarren die (dunkleren) Zwischenlamellen in einer Zr-ärmeren, Ti- und Ni-angereicherten eutektischen, zweiphasigen Mischgefügestruktur. Be reichert sich in den hellen Lamellen am stärksten ab und bildet innerhalb der dunklen Zwischenbereiche globulare Ausscheidungen mit höchster Be-Konzentration. Aufgrund der hohen Beweglichkeiten der einzelnen Atome haben kristalline Proben, die nahe unterhalb der eutektischen Temperatur kristallisierten, eine relativ grobe Struktur mit einer typischen Längenskala von 100µm und einem Lamellenabstand von 5-10µm (vgl. 100nm-Strukturen bei langsam aus der unterkühlten Schmelze kristallisierten Proben). Die gesamte Kristallisation spielt sich bei einer Abkühlrate von 5K/min innerhalb eines Temperaturintervalles von 80K und einer Zeitspanne von 16min ab.

4.1.6 Wärmekapazitätsmessungen und thermodynamische Potentiale

Die Ergebnisse der Messungen der Wärmekapazitäten und den daraus abgeleiteten thermodynamischen Potentialen werden in den nachfolgenden Abbildungen vorgestellt. Die Daten für den Kristall beziehen sich auf die Summe der unterschiedlichen kristallinen Phasenanteile des Mischkristalls (Regel von Neumann und Kopp [134]). In Abbildung 4.14 sind die Wärmekapazitäten von kristalliner Phase c_p^x, Glas c_p^g und Schmelze c_p^l in Abhängigkeit von der Temperatur aufgetragen. Zusätzlich sind die Kauzmann-Temperatur (isentropische Temperatur) T_{g0}, die zugehörige Glastemperatur T_g und die eutektische Temperatur T_E berücksichtigt.

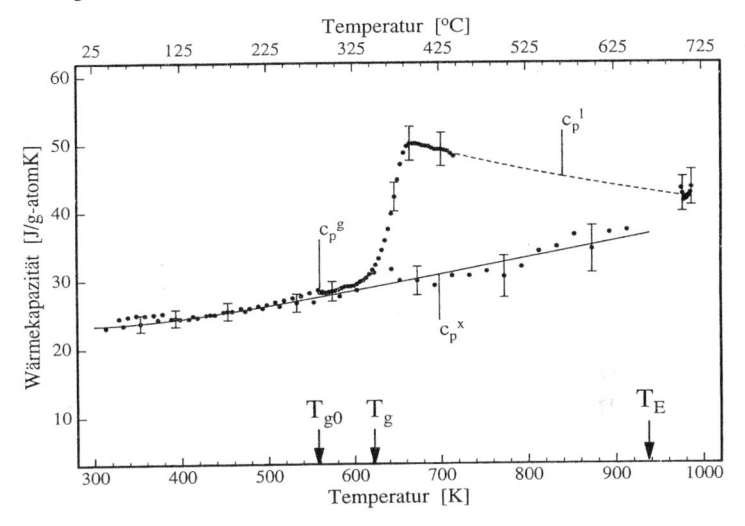

Abb. 4.14: Wärmekapazitäten von kristalliner Phase c_p^x, Glas c_p^g und Schmelze c_p^l in Abhängigkeit von der Temperatur.

Der Verlauf der Wärmekapazitäten der $Zr_{41}Ti_{13}Ni_{10}Cu_{13}Be_{23}$-Legierung ist typisch für glasbildende Schmelzen. Die Wärmekapazitäten von Kristall und Glas sind nahezu identisch, oberhalb der Glastemperatur T_g steigt der c_p-Wert der Schmelze stark an, ohne jedoch mit einem endothermen Maximum am Glasübergang zu überschießen. Wie bei unterkühlten Schmelzen häufig beobachtet, fällt c_p^l mit steigender Temperatur auf den c_p-Wert der stabilen Schmelze geringfügig ab. Der Bereich zwischen stabiler und unterkühlter Schmelze oberhalb der Glastemperatur wurde durch ein Polynom $c_p^l(T)=49.454-1.142\cdot10^{-2}T+3.704\cdot10^6/T^2$ [J/g-atomK] (gestrichelte Linie) angenähert.

Für den stabilen Kristall lautet die Näherung $c_p^x(T)=12.071-2.575\cdot10^{-2}T+3.285\cdot10^5/T^2$ in [J/g-atomK] (durchgezogene Linie). Mit Hilfe dieser beiden Funktionen sind alle weiteren Berechnungen für Entropie, Enthalpie und Gibbsscher Freier Enthalpie durchgeführt worden. Als Referenztemperatur für die Nullpunkte der Entropie und Enthalpie der kristallinen Phase wurde 550K willkürlich gewählt. In Abbildung 4.15 ist der temperaturabhängige Verlauf der aus den Wärmekapazitätsdaten erhaltenen Entropien S^l und S^x für Schmelze (Glas) und Kristall aufgetragen.

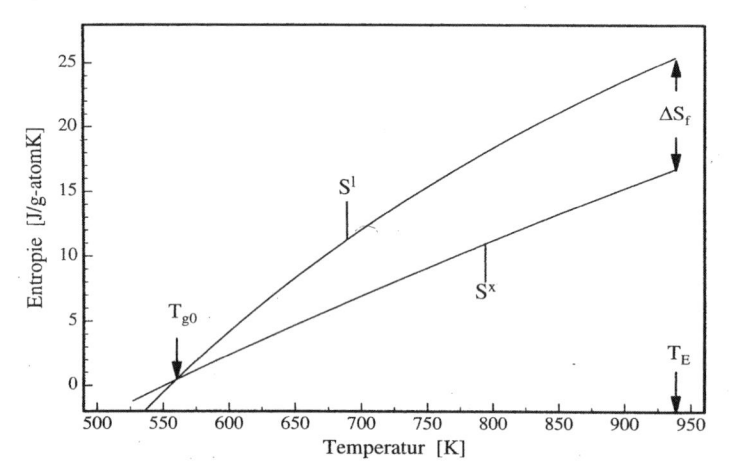

Abb. 4.15: Entropien von Schmelze S^l und Kristall S^x in Abhängigkeit von der Temperatur für $Zr_{41}Ti_{13}Ni_{10}Cu_{13}Be_{23}$.

Die Entropien von Schmelze und Kristall fallen mit sinkender Temperatur gemäß dem dritten Hauptsatz monoton ab. Die Differenz beider Kurven ist am eutektischen Schmelzpunkt T_E gleich der Schmelzentropie von $\Delta S_f=8.72$ J/g-atomK und wird mit abnehmender Temperatur geringer. Der gemeinsame Schnittpunkt bei Gleichheit der Entropien von Schmelze und Kristall $T_{\Delta S=0}=T_{g0}=561\pm10$K bezeichnet die Kauzmann-Temperatur.

Die einfache Integration von c_p über T liefert die in Abbildung 4.16 gezeigten Verlauf der Enthalpien H^l und H^x von Schmelze und Kristall.

H^l und H^x fallen gemäß dem Verlauf der spezifischen Wärmekapazitäten mit sinkender Temperatur monoton ab. Die Differenz beider Kurven für eine bestimmte Temperatur liefert die sogenannte Kristallisationsenthalpie ΔH_x, die man beispielsweise bei der isothermen Kristallisation der Schmelze in den stabilen Kristall in einer DSC mißt. Die gemessenen Kristallisationsenthalpien für die $Zr_{41}Ti_{13}Ni_{10}Cu_{13}Be_{23}$-Massivglaslegierung stimmen mit den berechneten Werten überein. Am Schmelzpunkt entspricht die Differenz zwischen H^l und H^x der Schmelzenthalpie von ΔH_f=8.18kJ/g-atom.

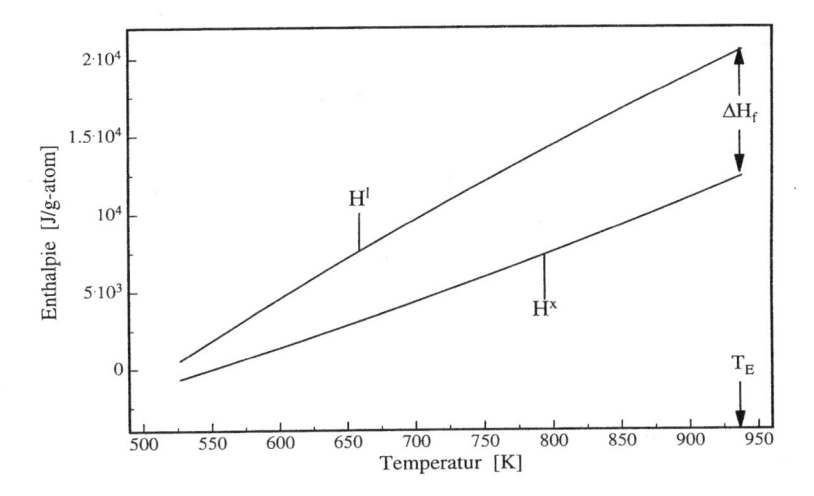

Abb. 4.16: Enthalpien von Schmelze H^l und Kristall H^x in Abhängigkeit von der Temperatur für $Zr_{41}Ti_{13}Ni_{10}Cu_{13}Be_{23}$.

In Abbildung 4.17 ist der temperaturabhängige Verlauf der Gibbsschen Freien Enthalpien G^l und G^x gezeigt.

Die Gibbssche Freie Enthalpie des Kristalles G^x ist als eine mittlere Größe aufzufassen, die nicht zwischen den unterschiedlichen kristallinen Phasen explizit unterscheidet, sondern sich auf den Kristall insgesamt bezieht. Für Phasenumwandlungen hat die Differenz der Gibbsschen Freien Enthalpien $\Delta G = G^l - G^x$ neben den notwendigen Fluktuationen zur Keimbildung als

Triebkraft der Reaktionen (Kristallisation, eutektoider Zerfall,...) große Bedeutung.

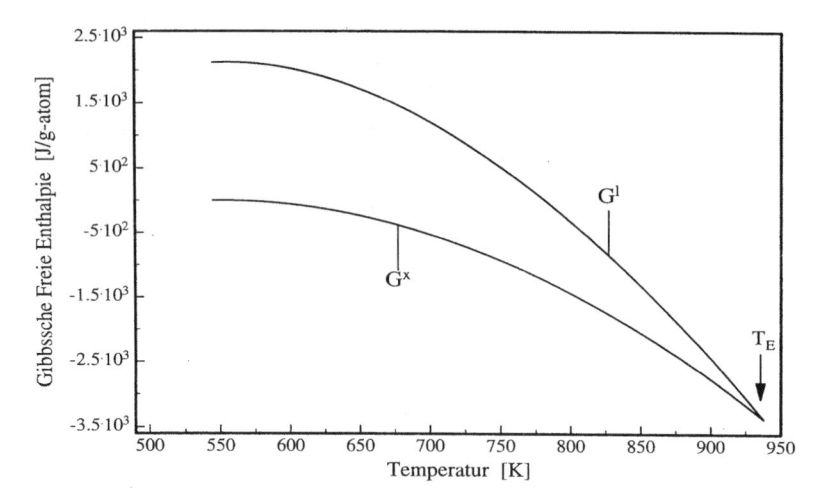

Abb. 4.17: Gibbssche Freie Enthalpien von Schmelze G^l und Kristall G^x in Abhängigkeit von der Temperatur für $Zr_{41}Ti_{13}Ni_{10}Cu_{13}Be_{23}$.

Im Gleichgewichtszustand (z.B. bei der eutektischen Temperatur eines Schmelze) sind bei mehrphasigen Systemen die chemischen Potentiale der jeweiligen Komponenten in den verschiedenen Phasen gleich (Tangentenkonstruktion) [134, 135]. Der Ansatz, am eutektischen Schmelzpunkt des Systems T_E sei $\Delta G=0$, ist eine gebräuchliche Näherung, die eine quantitative Behandlung sehr erleichtert.

4.1.7 Viskositätsmessungen

Im folgenden werden die Ergebnisse isothermer und isochroner Kriechversuche mit konstanter Zugspannung an relaxierten und unrelaxierten Glasproben vorgestellt.

Zur Messung des Relaxationsverhaltens der Viskosität von $Zr_{41}Ti_{13}Ni_{10}Cu_{13}Be_{23}$ im Glaszustand und in der unterkühlten Schmelze wurden isotherme Kriechversuche bei konstanter Zugspannung von 0.82MPa und verschiedenen Haltetemperaturen im Intervall zwischen 296°C (569K) und 393°C (666K) oberhalb der Kauzmann-Temperatur von 288°C (561K) ausgewertet. Die Analyse der Meßdaten erfolgte nach einem bimolekularen Modell von Spaepen und Tsao [136].

Der bimolekulare Ansatz hat sich bereits in der Auswertung von Kriechversuchen anderer metallischer Glasbildner als geeignet und erfolgreich erwiesen [136-138]. Dem Ansatz liegt die Überlegung zugrunde, daß das für das Relaxationsverhalten der Viskosität verantwortliche Ausheilen von Defekten proportional dem Quadrat der entsprechenden Defektkonzentration ist. Die Gleichung hat deshalb die Form einer (bimolekularen) Ratengleichung mit der Reaktionsordnung zwei. Für die zeitabhängige Relaxation einer Anfangsviskosität η_0 in einen Gleichgewichtszustand der Viskosität η_{eq} mit einer Ratenkonstante k gilt:

$$\frac{\eta(t)-\eta_0}{\eta_{eq}-\eta(t)} = \left(\frac{\eta_{eq}-\eta_0}{\eta_{eq}^2}\right) \cdot kt \qquad 4.3$$

Die Datenpunkte einer isothermen Kriechmessung (●) und der zugehörige bimolekulare Funktionsverlauf (—, durchgezogene Linie) sind in Abbildung 4.18 für eine Haltetemperatur von 319°C (592K) und einer Kriechspannung von 0.83MPa gezeigt.

Aus der Abbildung ist ersichtlich, daß die bimolekulare Funktionsanpassung gute Übereinstimmung, sowohl im Anfangsbereich des Kriechens, als auch im Endbereich nahe des Gleichgewichtszustandes, zeigt. Für kurze Haltezeiten ist die Viskosität gering, d.h. das Massivglas weist eine hohe Kriechrate auf, während das Material für lange Kriechzeiten relaxiert und gegen die Gleichgewichtsviskosität strebt.

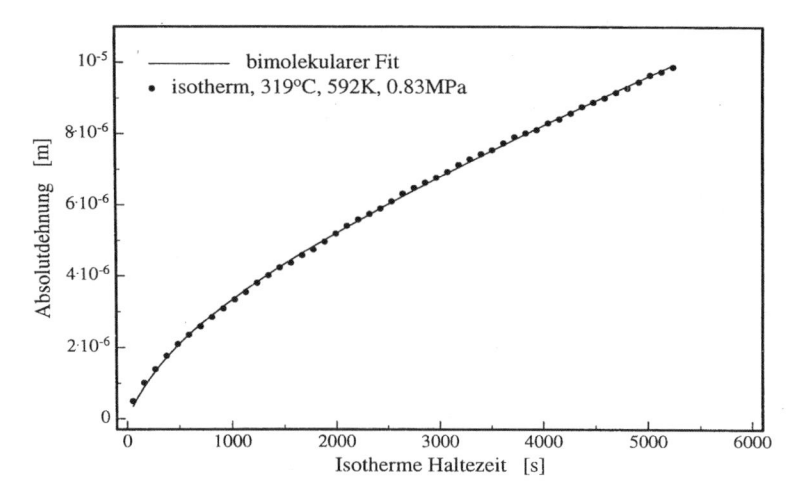

Abb. 4.18: Isothermes Kriechverhalten einer $Zr_{41}Ti_{13}Ni_{10}Cu_{13}Be_{23}$-Glasprobe mit zughörigem bimolekularen Fit bei 319°C (592K) und einer Kriechspannung von 0.83MPa.

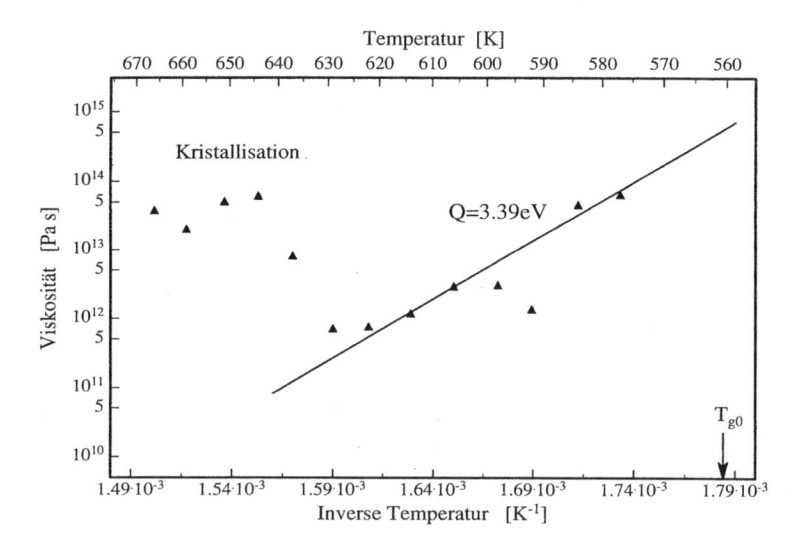

Abb. 4.19: Arrhenius-Auftragung der Gleichgewichtsviskositäten nach bimolekularem Fit der isothermen Kriechversuche an $Zr_{41}Ti_{13}Ni_{10}Cu_{13}Be_{23}$-Glasproben.

Die berechneten Gleichgewichtsviskositäten η_{eq} für verschiedene Temperaturen sind in Abbildung 4.19 in Arrhenius-Auftragung gezeigt. Sie fallen im Temperaturbereich zwischen 575K und 630K mit steigender Temperatur ab. Der Anstieg der Gleichgewichtsviskositäten oberhalb 630K ist eine Folge von Entmischungs- und Kristallisationseffekten (siehe Abschnitt 4.1.3) in der Schmelze während der langen isothermen Haltezeiten (über einige Stunden). Der Abfall der Viskosität kann durch eine Gerade mit einer zugehörigen Aktivierungsenergie von etwa 3.4eV beschrieben werden.

Die Anfangsviskositäten η_0 und Ratenkonstante k im Kriechversuch zeigen keine funktionale Temperaturabhängigkeit, sondern schwanken innerhalb der Bandbreite einer Zehnerpotenz um einen Mittelwert. Daten für berechnete Ratenkonstanten und Anfangsviskositäten sind für metallische glasbildende Probensysteme für Vergleichszwecke aus der Literatur bisher nicht bekannt.

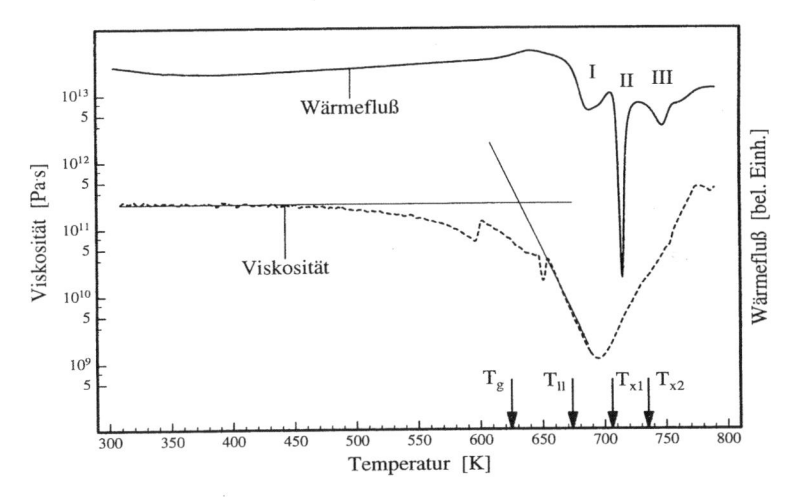

Abb. 4.20: Isochrones Viskositätsverhalten für eine Aufheizrate von 4K/min bei $Zr_{41}Ti_{13}Ni_{10}Cu_{13}Be_{23}$-Gläsern und zugehöriges Wärmeflußsignal in Abhängigkeit der Temperatur unter einer Kriechspannung von 3.7MPa.

In Abbildung 4.20 ist die Viskosität einer relaxierten Probe bei einer Heizrate von 4K/min unter konstanter Kriechspannung von 3.7MPa zwischen 300K (27°C) und 800K (527°C) aufgetragen. Zusätzlich sind der Verlauf der Wärmekapazität und die jeweilige Lage der charakteristischen Umwandlungstemperaturen (Glasübergang bei T_g, Entmischung (I) bei T_{II}, Kristallisation (II, III) bei $T_{x1,x2}$) gezeigt.

Im Bereich unterhalb T_g ist die Viskosität mit einem Mittelwert von ca. $3 \cdot 10^{11}$Pa·s nur schwach temperaturabhängig mit annähernd linearem Verlauf. Sie zeigt bei 600K (327K) einen Sprung (dieser trat auch bei einer nicht relaxierten Probe und einer Heizrate von 1K/min bei exakt der gleichen Temperatur auf), dessen Herkunft auf strukturelle Änderungen im Glaszustand hinweist. Oberhalb T_g ändert sich die Steigung der Kurve sehr stark und die Viskosität fällt annähernd linear innerhalb eines Intervalles von 70K um zwei Größenordnungen bis auf etwa 10^9Pa·s ab. Der Abfall der Viskosität bei Überschreiten der Glastemperatur wird durch das Anlegen einer äußeren mechanischen Spannung über ein breites Temperaturintervall „ausgeschmiert". Die im Bereich unterhalb und oberhalb der Glastemperatur eingezeichneten (extrapolierten) schematischen linearen Viskositätsverläufe sollen den scharfen Abfall der Viskosität bei der Glastemperatur andeuten. Dieser scharfe Abfall würde auftreten, wenn keine äußeren Kräfte den Übergang verbreitern. Das Einsetzen der Entmischung (I) der unterkühlten Schmelze und die nachfolgende Bildung kleinster Kristallite der kfz-Phase (siehe Abschnitt 4.1.3) oberhalb T_{II} zeigen keinen direkten Einfluß auf die Viskosität. Erst nach dem Einsetzen der Kristallisation (II) bei T_{x1} steigt die Viskosität über ein Intervall von 70K bis zur vollständigen Kristallisation (III) der Probe von 10^9Pa·s auf 10^{12}Pa·s an. Das entstandene nanokristalline Gefüge (siehe Abbildung 4.12) zeigt im Temperaturbereich oberhalb 770K (ca. 500°C) duktile, plastische Eigenschaften.

In der nachfolgenden Abbildung 4.21 sind Ausschnitte aus zwei isochronen Kriechmessungen (1K/min, 3.70MPa, — und 4K/min, 0.56MPa, ▲), die Daten aus den isothermen Kriechversuchen (0.82MPa, ○) und linear extrapolierte Viskositätswerte oberhalb der Glastemperatur von 613K (--) gezeigt.

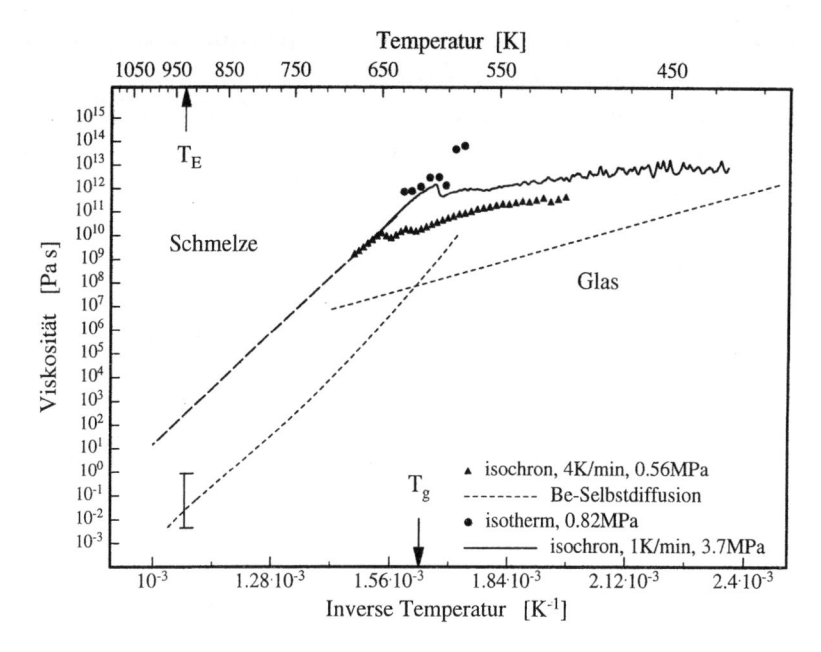

Abb. 4.21: Isotherme (●) und isochrone Meßdaten (—, ▲) zur Viskosität verschiedener $Zr_{41}Ti_{13}Ni_{10}Cu_{13}Be_{23}$-Proben in der unterkühlten Schmelze, extrapolierte Viskositätsdaten (– –) und Be-Selbstdiffusionsdaten als Funktion der Temperatur (--) (siehe Text).

Der durch den Fehlerbalken angedeutete Viskositätsbereich bei etwa 940K, d.h. nahe der eutektischen Schmelztemperatur von $Zr_{41}Ti_{13}Ni_{10}Cu_{13}Be_{23}$, ist für glasbildende eutektische metallische Schmelzen mit bis zu drei unterschiedlichen Legierungselementen ($5 \cdot 10^{-3}$ Pa·s bis 1Pa·s) typisch [85]. Die gestrichelten Linien im Diagramm (--) markieren jüngst gemessene Selbstdiffusionsdaten von Beryllium im Glaszustand $D(T)=1.82 \cdot 10^{-11} m^2/s \cdot exp(1.05eV/k_BT)$ und in der unterkühlten Schmelze $D(T)=D_0 exp(1.03eV/k_BT)$ von $Zr_{41}Ti_{13}Ni_{10}Cu_{13}Be_{23}$, die über die Stokes-Einstein-Beziehung $\eta(T)=k_BT/[3\pi a_0 D(T)]$ (Gleichung 2.22) in Viskositätswerte für reines Beryllium umgerechnet wurden [125]. D_0 bezeichnet hierbei einen Vorfaktor für die Diffusionskonstante von Beryllium in der unterkühlten Schmelze, der den kommunalen Entropiebeitrag in der Schmelze im Vergleich zum Kristall berücksichtigt, im Gegensatz zu der reinen Arrhenius-Beschreibung wie im Glaszustand.

Oberhalb der Glastemperatur ist die unterkühlte Schmelze im Gleichgewicht. D.h. der abknickende Viskositätsverlauf der isochronen Messungen (—, ▲) entspricht der Gleichgewichtsviskosität der Schmelze. Im Glaszustand unterhalb der Glastemperatur werden bei isochronen Messungen keine Gleichgewichtsvikositäten gemessen. Deshalb liegen die Daten der isochronen Messungen generell unterhalb der isothermen Daten (●). Aus dem Verlauf der isothermen und isochronen Viskositätsdaten in Abbildung 4.21 kann die Temperaturabhängigkeit der Viskosität in der unterkühlten Schmelze linear mit einer Aktivierungsenergie von etwa 2.9eV für höhere Temperaturen bis zum Schmelzpunkt extrapoliert werden (--). In der Nähe des eutektischen Schmelzpunktes würde die Viskosität der Schmelze etwa $1 \cdot 10^2$Pa·s betragen. Dieser abgeschätzte Wert der Massivglasschmelze liegt ca. 2 bis 3 Größenordnungen oberhalb bisher bekannter Viskositäten binärer und ternärer eutektischer metallischer Schmelzen [85, 139]. Die über die Stokes-Einstein-Beziehung berechneten Viskositätswerte für reines Beryllium sind etwa um vier Größenordnungen kleiner als die Legierungsdaten und verlaufen parallel dazu. Aufgrund des geringen atomaren Durchmessers (Be: $2.49 \cdot 10^{-10}$m [140]) und der entsprechend großen Diffusionskonstanten im Vergleich zu den anderen größeren Legierungsatomen (Zr: $3.54 \cdot 10^{-10}$m, Ti: $3.36 \cdot 10^{-10}$m, Ni: $2.76 \cdot 10^{-10}$m, Cu: $2.83 \cdot 10^{-10}$m [140]) ist dies verständlich. Bei einer Glasübergangstemperatur von 623K knicken die Viskositätsdaten ab. Das Abknicken kann unter Berücksichtigung der kommunalen Entropie der unterkühlten Schmelze quantitativ beschrieben werden [125]. Mit weiter ansteigender Temperatur verringert sich die Steigung der Viskosität in der Schmelze. Am eutektischen Schmelzpunkt der Legierung liegen die abgeschätzten Viskositätsdaten für reines Beryllium im Bereich typischer Viskositätswerte zwischen $5 \cdot 10^{-3}$Pa·s bis 1Pa·s binärer und ternärer metallischer glasbildender Schmelzen (durch den Fehlerbalken in Abbildung 4.21 gekennzeichnet) [85]. Insgesamt erscheint deshalb der qualitative Verlauf der fiktiven Viskosität reinen Berylliums als sinnvoll.

Die Meßdaten isothermer und isochroner Zugversuche legen den Schluß nahe, das Viskositätsverhalten von $Zr_{41}Ti_{13}Ni_{10}Cu_{13}Be_{23}$-Massivgläsern als Arrhenius-artig und nicht als Vogel-Fulcher-artig einzuordnen. Damit entspricht das Legierungssystem eher einem starken als einem schwachen Glasbildner in der Klassifizierung von Angell in Abbildung 2.5.

4.1.8 Thermische Ausdehnung

Die für technische Anwendungen der $Zr_{41}Ti_{13}Ni_{10}Cu_{13}Be_{23}$-Legierung (z.B. als Lötfolien), aber auch zur Abschätzung des Prigogine-Defay-Quotienten (Gleichung 2.3) wichtigen Messungen des thermischen Ausdehnungsverhaltens werden im folgenden dargestellt. In Abbildung 4.22 sind die Meßsignale des linearen thermischen Ausdehnungskoeffizienten einer vollständig relaxierten $Zr_{41}Ti_{13}Ni_{10}Cu_{13}Be_{23}$-Glasprobe im Vergleich zu einer kristallinen $Zr_{41}Ti_{13}Ni_{10}Cu_{13}Be_{23}$-Probe gezeigt.

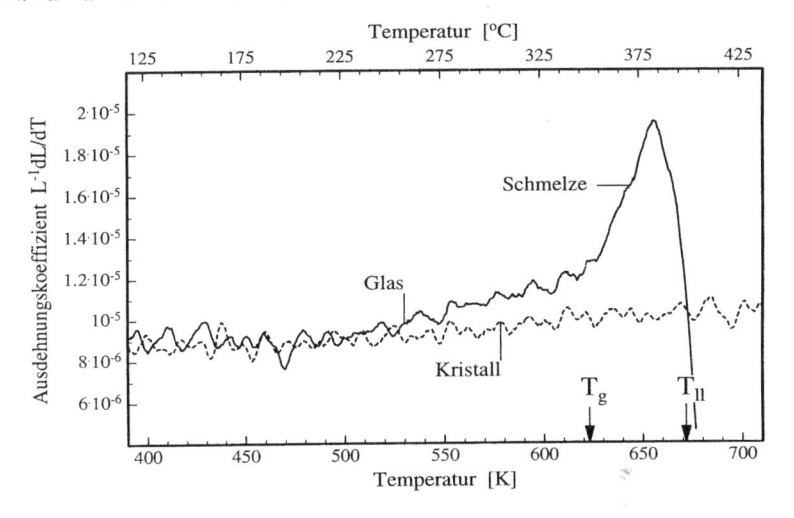

Abb. 4.22: Linearer thermischer Ausdehnungskoeffizient einer $Zr_{41}Ti_{13}Ni_{10}Cu_{13}Be_{23}$-Glasprobe im Vergleich zur entsprechenden kristallinen Phase.

Das Ausdehnungsverhalten von Kristall und relaxiertem (getempertem) Glas ist bis etwa 100K unterhalb der Glastemperatur T_g sehr ähnlich. Die linearen Ausdehnungskoeffizienten von Glas und Kristall stimmen mit ca. $1 \cdot 10^{-5} K^{-1}$ überein. Beim Kristall ist das Ausdehnungsverhalten über den gesamten Temperaturbereich linear (mittlerer Ausdehnungskoeffizient $\alpha_l = 1 \cdot 10^{-5} K^{-1}$). In der Nähe der Glastemperatur T_g=348°C (621K) ändert sich die Steigung beim Übergang vom Glas in die (unterkühlte) Schmelze drastisch. Der thermische Ausdehnungskoeffizient verdoppelt sich von $1.1 \cdot 10^{-5} K^{-1}$ auf etwa $2 \cdot 10^{-5} K^{-1}$ in einem Temperaturintervall von ca. 25K. Der Anstieg wird mit der thermisch aktivierten Bildung freien Volumens (Fehlstellen, Löcher) erklärt [141]. Der lineare Ausdehnungskoeffizient α_l erreicht sein Maximum nahe der Temperatur von T_{ll}=400°C (673K) in der unterkühlten Schmelze und fällt anschließend mit der Kristallisation der Schmelze bei T_x=434°C (707K) ab.

Das Abknicken des linearen Ausdehnungskoeffizienten vor dem Einsetzen massiver Kristallisation ist nur in geringem Maße auf die endliche Auflagekraft (10mN bei einem Probenquerschnitt von etwa $4mm^2 = 4 \cdot 10^{-6} m^2$) des Wegaufnehmers, die Eigengewichtsdeformation der Probe und eventuelle Effekte der Oberflächenspannung der unterkühlten Schmelze zurückzuführen. Unterhalb der Glastemperatur ist die Probe aufgrund hoher Viskositäten im Bereich von 10^{12}Pa·s unempfindlich für plastische Deformation durch mechanische Kräfte. Oberhalb der Glastemperatur verhält sich die Probe viskoelastisch (unterkühlte Schmelze), wobei kleine Kräfte bereits zu Kriechverhalten und deshalb zu geringen (negativen) Längenänderungen führen. Der sich dadurch ergebende Meßfehler, d.h. ein zusätzlicher Beitrag zum linearen Ausdehnungskoeffizienten, kann aufgrund der in dieser Arbeit gemessenen Daten zur Viskosität numerisch berechnet und abgeschätzt werden. Die Kriechrate $d\epsilon/dt$, die zur negativen Längenänderung der Probe führt, ist eine Funktion der auf die Probe wirkenden mechanischen Spannung σ und der Viskosität η, wobei nach Gleichung 2.30 $d\epsilon/dt = \sigma/(3\eta)$ gilt. Aus der Probengeometrie und der Probenmasse lassen sich mechanische Spannungen im Bereich von 1-3kPa für die hier verwendeten Proben abschätzen. Unterhalb 620K ist der Fehler aufgrund plastischer Probendeformation vollständig zu vernachlässigen. Im Temperaturbereich bis 650K ist der Fehler kleiner als 7%. Oberhalb 655K fällt das Meßsignal bereits stark ab und wird nicht ausgewertet. Auf die Abschätzung des Einflusses der Oberflächenspannung wird mangels geeigneter Daten für die Schmelze verzichtet.

Im Temperaturbereich oberhalb der Glastemperatur bis zur eutektischen Temperatur T_E kann der lineare Ausdehnungskoeffizient mit $3.2 \cdot 10^{-5} K^{-1}$ abgeschätzt werden [84]. Die Abschätzung ist konsistent mit jüngsten Meßdaten von ca. $3.3 \cdot 10^{-5} K^{-1}$ an einer $Zr_{41}Ti_{13}Ni_{10}Cu_{13}Be_{23}$-Schmelze [118].

Bei unrelaxierten Proben zeigte sich ca. 150K unterhalb bis nahe T_g ein ausgeprägtes Relaxationsverhalten des Volumens. Oberhalb der Glastemperatur T_g ist das Temperaturverhalten relaxierter und nicht relaxierter Proben identisch. Die mit der Relaxation verbundene Verringerung des Gesamtvolumens ist eine Folge des Ausheilens der beim

Abkühlen des Glases eingefrorenen überschüssigen Löcher. Eine physikalisch befriedigende Beschreibung der gemessenen Daten für den thermischen Ausdehnungskoeffizienten durch das Löchermodell war nicht möglich [142].

Die Messung der mit der Kristallisation verbundenen Volumenschrumpfung von 1.4% der unterkühlten Schmelze bietet die Möglichkeit, eine Abschätzung des von Tallon vorgeschlagenen Stabilitätskriteriums $T_{\Delta V=0}$ (siehe Abschnitt 2.3) für unterkühlte Schmelzen zu geben [56, 143]. Abzuschätzen ist diejenige Temperatur aus den gemessen temperaturabhängigen Volumendaten von Kristall und unterkühlter Schmelze, bei der die Volumina von Kristall und unterkühlter Schmelze gleich sind, d.h. $\Delta V = V_1 - V_x = 0$. In Abbildung 4.23 ist die Situation anhand von Meßdaten verdeutlicht.

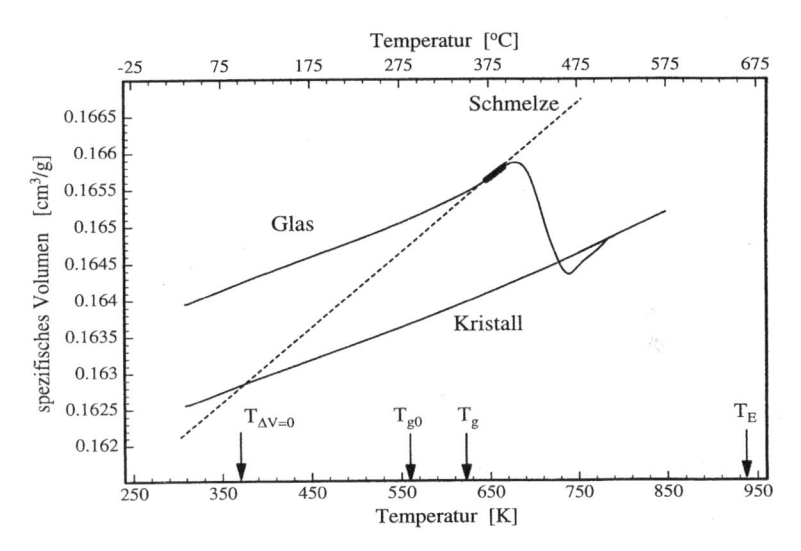

Abb. 4.23: Temperaturabhängigkeit der spezifischen Volumina von Glas, unterkühlter Schmelze mit zugehörigen Fitdaten (gestrichelt) und kristallinem Zustand.

Aufgetragen sind das spezifische Volumen (V/m, Volumen auf die Masse normiert, inverse Dichte) einer $Zr_{41}Ti_{13}Ni_{10}Cu_{13}Be_{23}$-Glasprobe und das spezifische Volumen der kristallisierten Probe bei einem zweiten isochronen Aufheizen in Abhängigkeit von der Temperatur. Die

Massivglasprobe kristallisiert während des ersten isochronen Aufheizens. Das Volumen der metallischen Glasproben schrumpft beim Aufheizen über die Glastemperatur insgesamt bis zur vollständigen Kristallisation um ca. 1.4%. Dichtemessungen mit der Auftriebsmethode im Glaszustand und nach vollständiger Kristallisation der $Zr_{41}Ti_{13}Ni_{10}Cu_{13}Be_{23}$-Glasprobe bei Raumtemperatur ergaben vergleichbare Volumenschrumpfungen. Aufretende Differenzen zwischen den Meßergebnissen der Dichten liegen darin begründet, daß die spezifischen Volumina der kristallisierenden Proben geringfügig unterschiedlich sein können. Bei weiterem Aufheizen nach Abschluß der Kristallisation entwickelt sich das kristalline Gefüge und das Volumen der Proben nimmt wieder zu. Die unterschiedlichen Endtemperaturen für die kristallisierten Proben führen beim Aufheizen zu Dichteunterschieden der einzelnen kristallinen Proben.

Der Verlauf der gestrichelten Linie bezeichnet eine lineare Funktionsanpassung für das Temperaturverhalten des spezifischen Volumens in der unterkühlten Schmelze oberhalb der Glastemperatur T_g zwischen 625K und 655K. Mit der Rückextrapolation der Geraden, d.h. des Volumens der unterkühlten Schmelze, für tiefere Temperaturen erhält man einen Schnittpunkt mit dem Volumen der kristallinen Probe. Der Schnittpunkt liefert einen Wert der Volumengleichheit bei $Zr_{41}Ti_{13}Ni_{10}Cu_{13}Be_{23}$ von (unterkühlter) Schmelze und Kristall bei etwa 370K. Dieser Wert liegt ca. 190K unterhalb der isentropen Kauzmann-Temperatur $T_{\Delta S=0}=T_{g0}$ und ca. 250K unterhalb der zugehörigen Glastemperatur T_g. Dies steht im Widerspruch zur Vorhersage von Tallon, der eine isochore Temperatur der Volumengleichheit $T_{\Delta V=0}$ weit oberhalb T_{g0} postuliert (siehe Abschnitt 2.3) [53, 56]. Aus dem Verlauf der Meßdaten in Abbildung 4.23 ist ersichtlich, daß $T_{\Delta V=0} < T_{\Delta S=0} = T_{g0} < T_g$ gilt, und daß die Hypothese von Tallon für das hier untersuchte, quasi-ternäre Massivglas nicht zutreffen kann.

4.1.9 Mechanische Eigenschaften

Für die Entwicklung und den Einsatz neuer Werkstoffe ist die Kenntnis des Zusammenhanges zwischen Gefüge und (thermo-) mechanischen Eigenschaften entscheidend. Im folgenden sind die Ergebnisse der mechanischen Untersuchungen für den Glaszustand und unterschiedlicher $Zr_{41}Ti_{13}Ni_{10}Cu_{13}Be_{23}$-Gefüge dargestellt.

4.1.9.1 Temperaturabhängiger Elastizitätsmodul

Die mechanischen Eigenschaften der metallischen Legierung sind abhängig von der Probentemperatur und vom jeweiligen Gefügezustand. In Abbildung 4.24 sind der Elastizitätsmodul und der Verlustwinkel einer $Zr_{41}Ti_{13}Ni_{10}Cu_{13}Be_{23}$-Massivglasprobe im relaxierten und unrelaxierten Zustand in Abhängigkeit der Temperatur gezeigt.

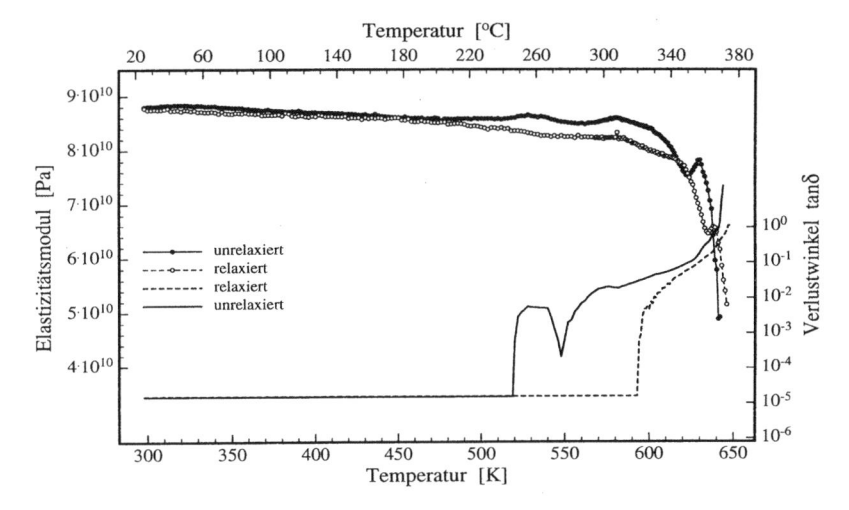

Abb. 4.24: Verlauf des Elastizitätsmoduls und des Verlustwinkels einer bei 340°C (613K) relaxierten und einer unrelaxierten $Zr_{41}Ti_{13}Ni_{10}Cu_{13}Be_{23}$-Massivglasprobe in Abhängigkeit von der Temperatur bei einer Aufheizrate von 4K/min im 3-Punkt-Biegeversuch.

Die Elastizitätsmodule beider Glasproben starten bei einem Wert von 88±5GPa bei Raumtemperatur und zeigen bis etwa 320°C (593K) nur einen geringen Abfall der Absolutwerte. Die jeweiligen Werte von 88GPa stimmen innerhalb der Fehlergrenzen mit den Messungen der Schallgeschwindigkeit von 93±1GPa überein [116, 144]. Der Modul der relaxierten Probe liegt oberhalb 200°C geringfügig unterhalb der unrelaxierten Probe, die bei 250°C (523K) und 300°C (573K) zwei schwache Maxima aufweist. Im Bereich oberhalb 325°C (598K) fallen die Module innerhalb eines Temperaturintervalles von 40K sehr stark ab. Der Abfall ist in beiden Fällen mit einem kurzzeitigen Anstieg des E-Moduls bei 355°C (628K) bzw. 365°C (638K) und einer plastischen Verformung der Proben verbunden. Diese verformen sich im Bereich nahe der kalorischen Glastemperatur von 348°C=621K (DSC, 4K/min) viskoelastisch.

Als Maß für die Energiedissipation durch Relaxationsprozesse und viskose Fließvorgänge innerhalb der Gläser ist der jeweilige Tangens des Verlustwinkels zwischen äußerer Kraft und zugehöriger Probendehnung zusätzlich aufgetragen. Das relaxierte Material zeigt keine Verluste bis 325°C (598K). Oberhalb dieser Temperatur steigen die Verluste durch viskose Fließvorgänge sehr stark an (logarithmische Auftragung). Die unrelaxierte Probe zeigt bereits oberhalb 250°C (523K) Verluste, die auf irreversible Relaxationsprozesse (Ausheilen von Defekten, freies Volumen,...) hindeuten. Viskose Fließvorgänge führen auch hier oberhalb 325°C (598K) zu einem weiteren sehr starken Anstieg des Verlustwinkels. Bei noch höheren Temperaturen als in Abbildung 4.24 gezeigt, waren dynamische Biegemessungen aufgrund der plastischen Verformung der Biegeproben nicht mehr möglich.

Im Vergleich zum Glas verringert sich der E-Modul vollständig kristalliner $Zr_{41}Ti_{13}Ni_{10}Cu_{13}Be_{23}$-Proben bei gleicher Heizrate im Temperaturbereich von 25°C (298K) und 375°C (648K) um ca. 5%.

4.1.9.2 Elastizitätsmodule verschiedener Gefügezustände

In Abbildung 4.25 sind die Elastizitätsmoduln bei Raumtemperatur in verschiedenen Gefügezuständen von $Zr_{41}Ti_{13}Ni_{10}Cu_{13}Be_{23}$ gezeigt. Daten für höhere Temperaturen liegen bislang noch nicht vor. In der Abbildung ist die Korrelation zwischen dem Grad der Kristallinität des Materials und dem E-Modul zu erkennen. Im unrelaxierten (relaxierten) Glaszustand zeigt der Modul den bereits bekannten Wert von 88±5GPa, der nach einer Wärmebehandlung und zugehöriger Entmischungsreaktion (I) in der unterkühlten Schmelze (siehe Abschnitt 4.1.3) geringfügig auf 92±5GPa ansteigt. Der Kristallisationsschritt (II) steigert bei konstanter Heizrate den Modul auf 101±5GPa und der Abschluß des Kristallisationsschrittes (III) erhöht ihn weiter auf 113±5GPa. Anschließendes vierstündiges Tempern des Materials bei 600°C (873K) und weiterer Entwicklung der Gefügestruktur läßt den Modul noch um 3GPa ansteigen.

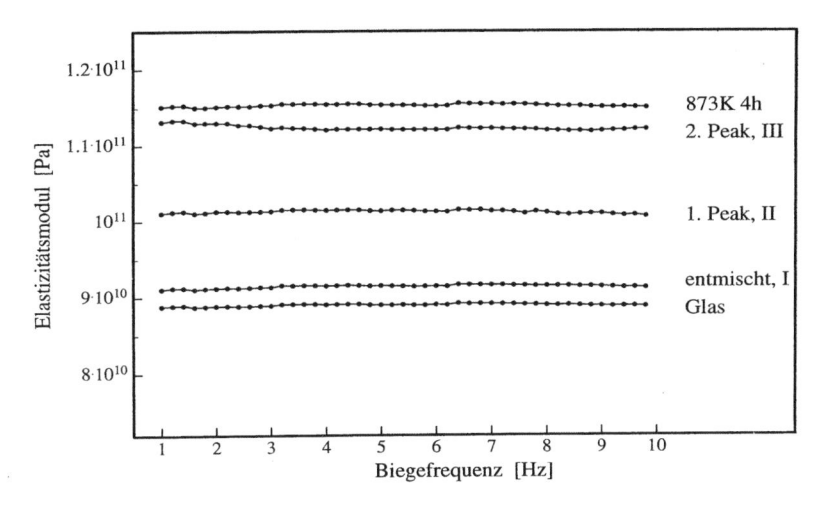

Abb. 4.25: Elastizitätsmoduln von $Zr_{41}Ti_{13}Ni_{10}Cu_{13}Be_{23}$ im frequenzabhängigen 3-Punkt-Biegeversuch in verschiedenen Gefügezuständen bei Raumtemperatur.

Kurven (von oben nach unten): 873K 4h / 2. Peak, III; 1. Peak, II; entmischt, I / Glas.

4.1.9.3 Mikrohärten und Gefügestruktur

Komplementär zu den Messungen der elastischen Eigenschaften der $Zr_{41}Ti_{13}Ni_{10}Cu_{13}Be_{23}$-Proben mit der DMA im 3-Punkt-Biegeversuch werden die Ergebnisse plastischer Verformungen durch Mikrohärtemessungen nach Vickers (Belastung 50Pond=0.5N, Haltezeit 15s, HV_{50}) gezeigt. In der folgenden Tabelle 4.6 sind einige wichtige Ergebnisse der mechanischen Messungen an verschiedenen kristallinen Gefügestrukturen vergleichend zusammengefaßt.

Tabelle 4.6: Mechanische Eigenschaften verschiedener $Zr_{41}Ti_{13}Ni_{10}Cu_{13}Be_{23}$-Gefüge:

Gefügezustand	Vickershärte [GPa]	E-Modul [GPa]	σ_y/E
Glas, „as quenched"	5.54	88	0.021
Glas, relaxiert, 340°C	6.34	88	0.024
X-UL, entmischt, 1°C/min, 408°C	6.92	92	0.025

X-UL, 1.Peak, 1°C/min, 444°C	7.30	102	0.024
X-UL, 2.Peak, 1°C/min, 490°C	8.01	113	0.024
X-UL, 1°C/min, 600°C, 4h	7.99	116	0.023
X-SL	7.15	-	-

Der Vergleich der Meßdaten für die Zugfestigkeit σ_y von 1.89±0.03GPa aus Zugversuchen zeigt [144], daß auch für das Massivglas die Beziehung H≈3σ_y (siehe Abschnitt 2.5) näherungsweise erfüllt ist. Die Zahlenwerte in der letzten Spalte von Tabelle 4.6 wurden auf diese Weise berechnet.

Der Zusammenhang zwischen den typischen Längenskalen der jeweiligen Mikrogefüge, d.h. der Korngröße und den zugehörigen mechanischen Eigenschaften soll anhand der gemessenen Mikrohärten nach Vickers in Abbildung 4.26 verdeutlicht werden.

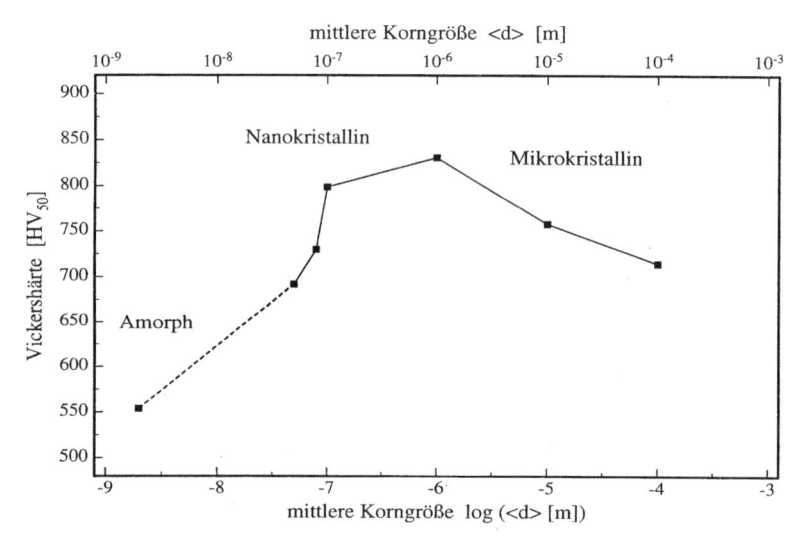

Abb. 4.26: Vickershärte verschiedener Gefügezustände und die entsprechenden zugehörigen mittleren Korngrößen von $Zr_{41}Ti_{13}Ni_{10}Cu_{13}Be_{23}$.

Während im Glaszustand Nahordnung in Bereichen von 1-3nm herrscht [9], im entmischten Glaszustand Nahordnung auf einer Längenskala von etwa 50nm, zeigen kristalline Strukturen Korngrößen, je nach Wärmebehandlung, bis zu maximal 0.1mm. Die Aufheizrate aus dem Glaszustand bestimmt die bei der Kristallisation aus der unterkühlten Schmelze entstehende Mikrostruktur. Bricht man den Aufheizvorgang bzw. die Wärmebehandlung ab, bevor die Probe vollständig kristallisiert ist, lassen sich unterschiedlichste teilkristalline Gefüge einstellen (siehe Tabelle 4.6).

Die Vickershärte (Belastung 50Pond=0.5N, Haltezeit 15s, HV_{50}) zeigt als Funktion der mittleren Korngröße bzw. der typischen geordneten Gefügebereiche für $Zr_{41}Ti_{13}Ni_{10}Cu_{13}Be_{23}$ ein charakteristisches Verhalten. Der Glaszustand zeigt mit $554HV_{50}$ die geringste Härte. Relaxation und Entmischung, verbunden mit einem Anstieg der Größe der geordneten Bereiche um etwa eine Zehnerpotenz führt im Glas zu einem Anstieg der Härte auf $634HV_{50}$ und $692HV_{50}$. Im nanokristallinen Zustand mit Korngrößen im Bereich von 100nm wird ein Härtemaximum von ca. $850HV_{50}$ erreicht. Mit wachsender mittlerer Korngröße oberhalb etwa 1µm fallen die zugehörigen Vickershärten bis auf Werte im Bereich von $700HV_{50}$ ab.

Wie in Abschnitt 4.1.7 angedeutet wurde, zeigt das nanokristalline Gefüge im Kriechversuch oberhalb 770K (ca. 500°C) kein rein elastisches Verhalten, sondern plastisches Verhalten. Das nanokristalline Gefüge weist darüberhinaus aufgrund der mikrostrukturellen Merkmale auf die Möglichkeit von Superplastizität (Korngröße kleiner als 10µm, unterschiedliche kristalline Phasen, eutektische Zusammensetzung) hin [145].

In den Abbildungen 4.27 und 4.28 sind ein typischer Härteeindruck mit dem Nanoindenter (SMIT) in eine aus der stabilen Schmelze kristallisierten Probe (X-SL, Abbildung 4.11) im Vergleich zu einem typischen Eindruck in einer aus der unterkühlten Schmelze kristallisierten Probe (X-UL, Abbildung 4.12) gezeigt.

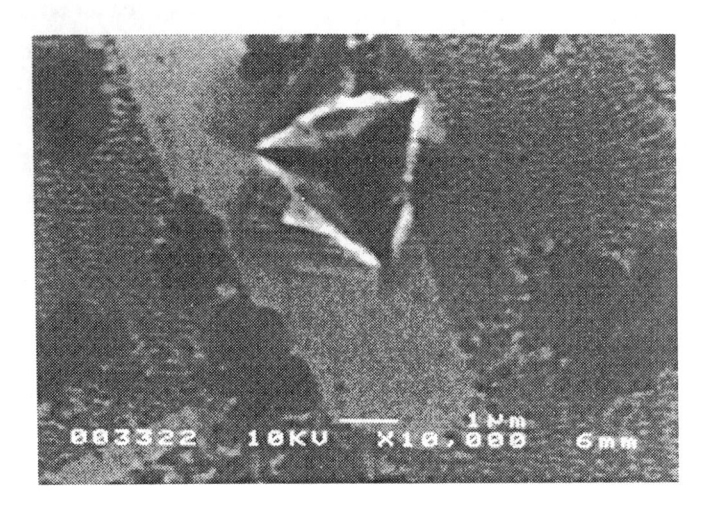

Abb. 4.27: REM Aufnahme eines Härteeindrucks (SMIT) in einer aus der stabilen Schmelze (50K/min) erstarrten Probe.

In der Abbildung 4.27 ist deutlich zu erkennen, daß die dreiseitige Diamantspitze des SMIT den Haupteindruck in einer hellen (Zr- und Cu-reich, siehe Abschnitt 4.1.5) Lamelle hinterlassen hat. Im Vergleich zur Mikrohärte von 6.5GPa in den hellen Lamellen sind die Härtewerte von 8GPa in den dunklen (Ti- und Ni-reich) Lamellen deutlich höher. Die schwarzen Be-reichen Ausscheidungen weisen einen noch höheren Härtegrad von über 10GPa auf. Den gleichen (qualitativen) Verlauf der Mikrohärten in den einzelnen Gefügebereichen zeigt auch der jeweilig zugehörige Elastizitätsmodul. Die Änderungen der E-Module in den unterschiedlichen Phasen können entweder mit den Änderungen der Konzentrationen der zugehörigen Elemente (E_{Zr}=98, E_{Ti}=120.2, E_{Ni}=199.5, E_{Cu}=129.8, E_{Be}=318GPa [146]) erklärt werden, oder durch die unterschiedlichen Kristallstrukturen der verschiedenen Phasen. Die Mikrohärten der Gefügebereiche steigen mit abnehmender Zr-Konzentration und zunehmender Ti-, Ni- und Be-Konzentration an. Alle angeführten Meßwerte sind als relative Werte und nicht als Absolutwerte zu verstehen [114]. Die Härtewerte und E-Module der unterschiedlichen Phasen bestätigen damit auch die Konzentrationsunterschiede der Elemente der in 4.1.5 behandelten qualitativen Phasenanalysen des X-SL-Gefüges.

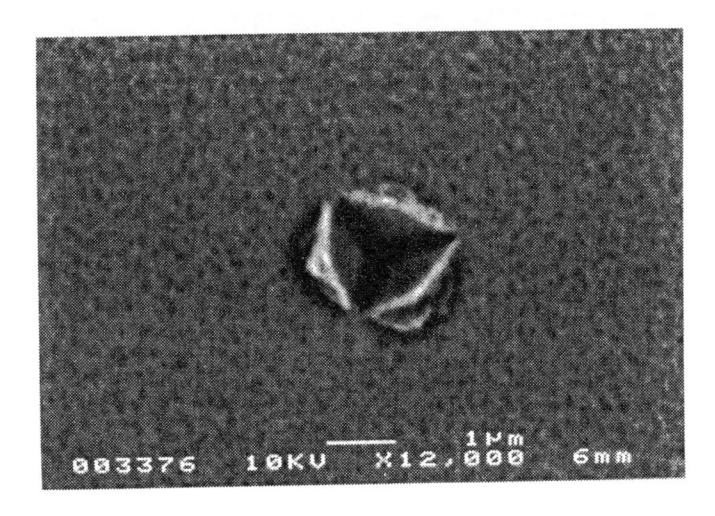

Abb. 4.28:   REM Aufnahme eines Härteeindrucks (SMIT) in einer aus der unterkühlten Schmelze (1K/min, 490°C, 763K) erstarrten Probe.

Bei einer langsam aus der unterkühlten Schmelze kristallisierten Probe kann die Nanoindentations-Technik keine Härte- und Elastizitätsmoduldifferenzen zwischen den unterschiedlichen Phasen mehr auflösen. Der Eindruck in Abbildung 4.28 in einer X-UL-Probe zeigt, daß die jeweiligen Härteeindrücke (in 1µm-Größe) des Diamanten nur Mittelwerte über die unterschiedlichen Gefügebereiche (100nm) liefern können. Die Streuung über viele unterschiedliche Eindrücke an einer Probe war deshalb entsprechend gering.

4.2 Untersuchungsergebnisse für $Au_{53.2}Pb_{27.6}Sb_{19.2}$ und $Au_{54.2}Pb_{22.9}Sb_{22.9}$

4.2.1 Allgemeines thermisches Verhalten

Beim isochronen Aufheizen von $Au_{54.2}Pb_{22.9}Sb_{22.9}$- (Molmasse=182.3g) und $Au_{53.2}Pb_{27.6}Sb_{19.2}$-Glas (Molmasse=185.3g) in einer DSC zeigt sich ein für metallische Gläser charakteristisches Verhalten. In Abbildung 4.29 ist stellvertretend für beide untersuchten Konzentrationen der Wärmefluß bei einer Heizrate von 5K/min für eine $Au_{54.2}Pb_{22.9}Sb_{22.9}$-Glasprobe gezeigt.

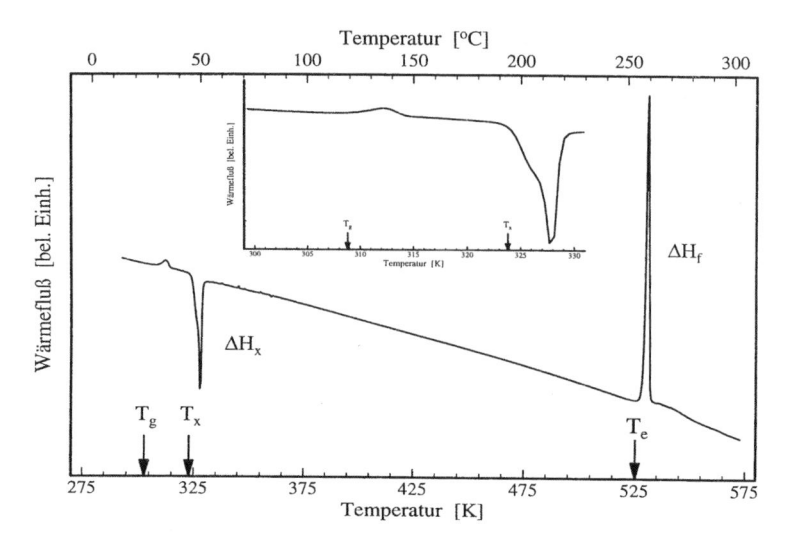

Abb. 4.29: Wärmefluß beim isochronen Aufheizen von $Au_{54.2}Pb_{22.9}Sb_{22.9}$-Glas bei einer Heizrate von 5K/min.

Dabei treten drei charakteristische Phasenübergänge auf, der endotherme Glasübergang vom Glas in die unterkühlte Schmelze bei T_g=35.6°C (308.8K), die zweistufige exotherme Kristallisation aus der unterkühlten Schmelze bei T_x=50.7°C (323.9K) mit einer Kristallisationswärme von ΔH_x=-3.03kJ/g-atom und das eutektische Aufschmelzen der kristallinen Phase bei T_e=252°C (525.2K) mit einer Schmelzwärme von ΔH_f=7.65 kJ/g-atom. Bei $Au_{53.2}Pb_{27.6}Sb_{19.2}$ fallen beide Kristallisationen zusammen. Die entsprechenden Werte für

$Au_{53.2}Pb_{27.6}Sb_{19.2}$ sind $T_g=35.1°C$ (308.3K), $T_x=51.9°C$ (325.1K), $\Delta H_x=-3.15 kJ/g$-atom und $\Delta H_f=7.82 kJ/g$-atom.

Die entstehenden kristallinen Phasen konnten durch in-situ-Röngenstreuexperimente bei verschiedenen Temperaturen während der Kristallisation aus der unterkühlten Schmelze, wie in Abbildung 4.30 gezeigt, identifiziert werden.

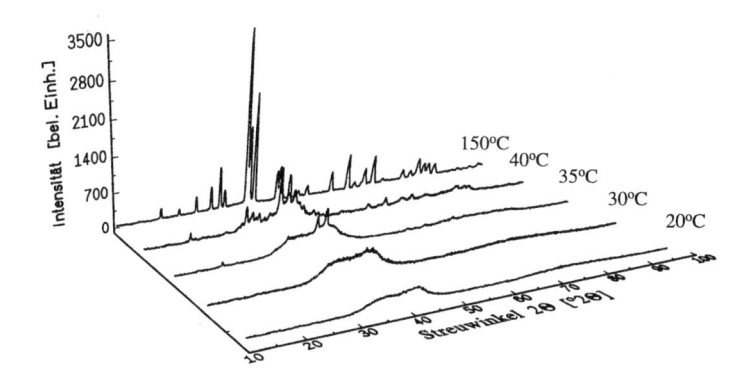

Abb. 4.30: In-situ-Röntgenstreuspektren während der Kristallisation von $Au_{53.2}Pb_{27.6}Sb_{19.2}$-Glas bei verschiedenen Temperaturen mit Cu-Strahlung.

Die Streuspektren sind mit ansteigender isothermer Probentemperatur und einer jeweiligen Meßzeit von 600s hintereinander dargestellt. Man kann durch eine Phasenanalyse eindeutig feststellen, daß sich die intermetallische Phase Au_2Pb zuerst bildet und bei geringfügig höherer Temperatur nachfolgend SbPb kristallisiert.

4.2.2 Heizratenabhängige Glastemperaturen

Die durch DSC-Experimente erhaltene Heizratenabhängigkeit des Glasüberganges ist in Abbildung 4.31 für die Zusammensetzung $Au_{53.2}Pb_{27.6}Sb_{19.2}$ mit typischen Fehlerbalken aufgetragen.

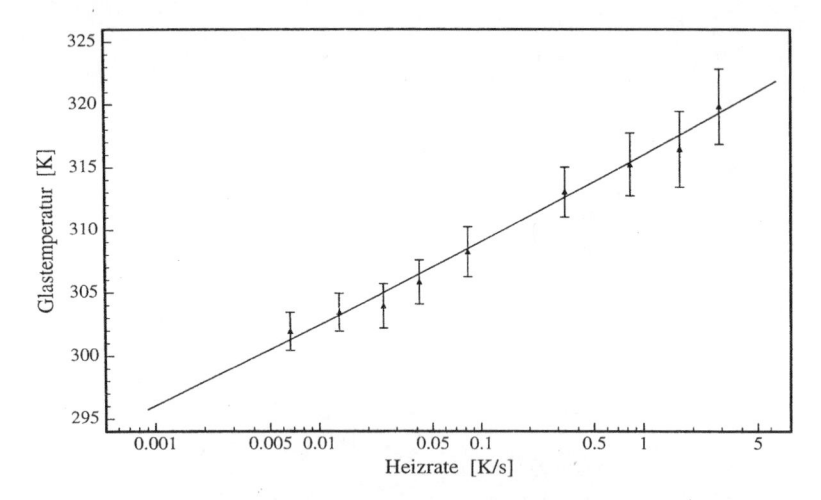

Abb. 4.31: Abhängigkeit der Glastemperaturen T_g für $Au_{53.2}Pb_{27.6}Sb_{19.2}$ von der Heizrate R.

Mit steigender Heizrate verschieben sich die Glastemperaturen T_g zu größeren Werten. Bei Heizraten oberhalb 100K/min ist die thermische Ankopplung der nur einige 10µm dünnen Proben für eine sinnvolle Auswertung zu schlecht. Die durchgehende Linie ist eine nicht lineare Kurvenanpassung an die Datenpunkte der Glastemperatur T_g in Abhängigkeit von der Heizrate R mit Gleichung 4.1 nach Vogel-Fulcher ($T_g=T_{g0}+A/\ln(B/R)$ bzw. $R=B\exp(A/T-T_{g0})$) mit drei freien Parametern. T_{g0} ist diejenige Glastemperatur, die sich bei unendlich kleiner Heizrate einstellen würde, B ist eine Materialkonstante. A kann als Aktivierungsenergieterm interpretiert, darf aber nicht mit einer echten Aktivierungsenergie gleichgesetzt werden.

In Tabelle 4.7 sind die Ergebnisse der Kurvenanpassungen zusammengefaßt.

Zusammensetzung	$T_{g0} \pm \Delta T$ [K]	A [K]	B [K/s]	Q [kJ/g-atom]	C [K/s]
$Au_{53.2}Pb_{27.6}Sb_{19.2}$	231±30	2088	$5.24 \cdot 10^{10}$	269.0	$3.27 \cdot 10^{44}$
$Au_{54.2}Pb_{22.9}Sb_{22.9}$	231±30	2095	$4.40 \cdot 10^{10}$	264.1	$3.79 \cdot 10^{43}$

Der Fehler für die asymptotische Glastemperatur T_{g0} ist mit 30K sehr hoch anzusetzen. Zum einen deshalb, weil der Fitparameter T_{g0} sehr stark von der Krümmung der Kurve für Meßdaten höherer Heizraten abhängt und die letzten Datenpunkte wegen schlechterer thermischer Ankopplung einen großen Meßfehler beinhalten können. Zum anderen, weil für ein genaueres T_{g0} bei weit niedrigeren Heizraten als 0.3K/min gemessen werden sollte, die Höhe des Meßsignals im Vergleich zum thermischen Rauschen der DSC dies aber nicht erlaubt. In einer jüngeren Arbeit von R. Brüning und K. Samwer konnte eine gute Übereinstimmung der Heizratenabhängigkeit der Glastemperatur bei metallischen und nicht-metallischen Glasbildnern mit einem Vogel-Fulcher-Gesetz erzielt werden [147].

In die vorletzte Spalte der Tabelle 4.7 wurden zusätzlich die Aktivierungsenergien Q aus der Kissinger-Analyse nach Gleichung 4.2 ($lnR=-Q/(N_A k_B T_g)+lnC$, Arrhenius-Plot) der Glastemperaturen aufgenommen. Eine Arrheniusgerade mit einer konstanten Aktivierungsenergie von ca. 269.0kJ/g-atom (ca. 2.8eV) wäre in der Abbildung 4.31 von der Vogel-Fulcher-Funktion aufgrund der schwachen Krümmung kaum zu unterscheiden. Aus den Meßdaten und den zugehörigen Fehlerbalken kann die Frage, ob die Glastemperatur Arrhenius-(linear) oder Vogel-Fulcher-Verhalten (gekrümmt) zeigt, nicht geklärt werden. Die Fehlergrenzen der Messung lassen in jedem Fall beide Alternativen zu.

4.2.3 Isothermes Kristallisationsverhalten

Bei der isothermen Kristallisation von $Au_{54.2}Pb_{22.9}Sb_{22.9}$-Gläsern treten zwei verschiedene und zeitlich gegeneinander verschobene, exotherme Ereignisse auf. Bei $Au_{53.2}Pb_{27.6}Sb_{19.2}$-Gläsern fallen beide Maxima zeitlich zusammen. Man kann jedoch noch eine Asymmetrie der linken Anstiegsflanke der isothermen Kristallisation erkennen.

Die Röntgenstreureflexe der isotherm kristallisierten Proben sind für beide Zusammensetzungen und alle Endtemperaturen bis auf geringe Intensitätsunterschiede identisch. D.h. es treten bei der Kristallisation weder bei einer geringfügig unterschiedlichen Zusammensetzung, noch bei einer im untersuchten Temperaturbereich geänderten Haltetemperatur neue Phasen auf. Abbildung 4.32 zeigt eine REM-Aufnahme des Gefüges einer bei 46°C (319K) isotherm kristallisierten $Au_{54.2}Pb_{22.9}Sb_{22.9}$-Glasprobe.

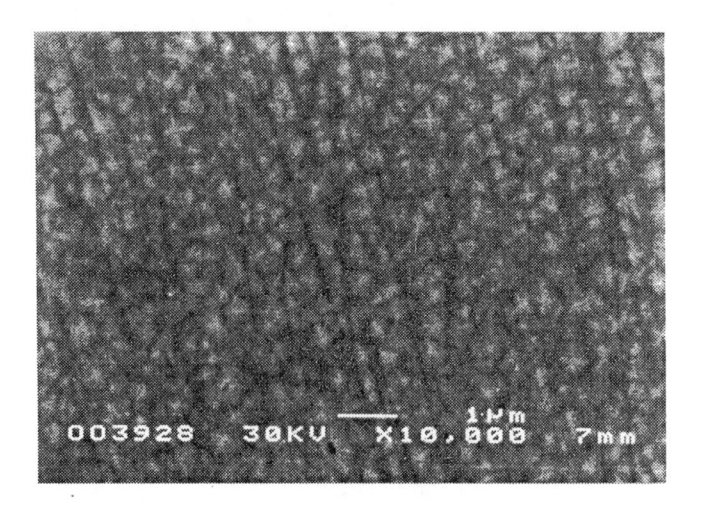

Abb. 4.32: REM Aufnahme des Gefüges im Elementkontrast einer bei 46°C (319K) isotherm kristallisierten $Au_{64.2}Pb_{22.9}Sb_{22.9}$-Glasprobe.

Die Gefügeaufnahme der kristallinen Probe läßt deutlich zwei unterschiedliche Konzentrationen erkennen. Hellere Bereiche typischer Größen von 200nm sind in einer dunkleren Grundmatrix eingebettet. Aufgrund der unterschiedlich hohen Flächenanteile der zwei Gefügebereiche, unter Berücksichtigung der Stöchiometrie und Phasenanalyse der kristallisierten Probe, läßt sich die dominierende helle Phase mit Au_2Pb, die dunkle Phase mit $PbSb$ identifizieren.

In den Tabellen 4.8 und 4.9 sind die Daten für $Au_{54.2}Pb_{22.9}Sb_{22.9}$-Glas aus der JMA-Analyse nach Gleichung 2.29 der verschiedenen Kristallisationstemperaturen zusammengefaßt.

Tabelle 4.8: Erstes Maximum, Kristallisation von Au_2Pb mit Gleichung 2.29 ausgewertet.

Temperatur [°C]	[K]	Avrami-koeff. n	Transiente τ [s]	F-Faktor k $[10^{-3}s^{-1}]$	50% $\tau_{0.5}$ [s]	Peakfläche [J/g-atom]
42	315	5.40	0	1.30	724	1110
44	317	4.95	0	5.13	412	1460
46	319	4.99	0	8.77	241	1450
50	323	4.87	0	10.18	92	1320
52	325	4.79	0	17.20	67	1110
54	327	4.73	0	34.95	26	880
Aktivierungsenergie [eV]		-	-	1.98	2.31	-

Tabelle 4.9: Zweites Maximum, Kristallisation von PbSb mit Gleichung 2.29 ausgewertet.

Temperatur [°C]	[K]	Avrami-koeff. n	Transiente τ [s]	F-Faktor k $[10^{-3}s^{-1}]$	50% $\tau_{0.5}$ [s]	Peakfläche [J/g-atom]
42	315	4.13	416	1.55	576	1480
44	317	4.21	395	513	175	1330
46	319	3.91	233	8.30	108	1430
50	323	4.45	83	17.95	51	1600
52	325	4.46	59	24.71	36	1670
54	327	3.93	18	41.26	22	1540
Aktivierungsenergie [eV]		-	2.25	2.19	2.18	-

Die erhaltenen Aktivierungsenergien bei der isothermen Kristallisation der zwei unterschiedlichen Phasen sind mit Werten nahe 2eV sehr ähnlich und liegen innerhalb des Wertebereiches von 1.5eV bis 5.8eV anderer metallischer Gläser [65].

Die einfache Kissinger-Analyse nach Gleichung 2.28 ($\ln(dT/dt)$ über $1/T_x$) für die Heizratenabhängigkeit des Kristallisationsbeginns (Onset) liefert als Aktivierungsenergie 2.96eV. Eine mikroskopische Einordnung der Energien auf der Basis von Aktivierungsenergien für Diffusionsprozesse innerhalb unterkühlter Schmelzen ist mangels experimenteller Daten nicht möglich.

Eine Transiente bei der isothermen Kristallisation ergab sich, wie aus den Tabellen 4.8 und 4.9 ersichtlich, nur beim zweiten Kristallisationsereignis. Die zugehörigen Avramikoeffizienten schwanken im ersten Fall um den Zahlenwert n=5, im zweiten Fall um n=4, d.h. typische Zahlenwerte für die grenzflächenkontrollierte Kristallisation metallischer Gläser [68]. Die zugehörigen Kristallisationsenthalpien in der letzten Spalte der Tabellen sind kaum abhängig von der jeweiligen Kristallisationstemperatur.

4.2.4 Wärmekapazitätsmessungen und thermodynamische Potentiale

Meßdaten zu den Wärmekapazitäten im Glaszustand, der Schmelze und kristallinen Zustand von Au-Pb-Sb-Legierungen sind mit den durch Integration nach den Gleichungen 2.14, 2.15 und 2.16 erhaltenen thermodynamischen Potentialen in den folgenden Abbildungen dargestellt. Die Daten für den Kristall beziehen sich auf die Summe der unterschiedlichen kristallinen Phasenanteile (Au_2Pb, PbSb und eventuelle Fremdphasen) des Mischkristalls. Aus den c_p-Werten kann man bei Kenntnis der molaren Anteile nach der Regel von Neumann und Kopp die jeweiligen Anteile an der Gesamtwärmekapazität abschätzen [134].

In Abbildung 4.33 ist der temperaturabhängige Verlauf von c_p^g im Glas, in der (unterkühlten) Schmelze c_p^l und im stabilen Kristall c_p^x mit typischen Meßfehlern aufgetragen. Während die stabile kristalline Phase die bekannt lineare Temperaturabhängigkeit zwischen Kauzmann-Temperatur T_{g0} und eutektischer Schmelztemperatur T_E zeigt, ändert sich die Wärmekapazität des Glases bei Überschreiten der Glastemperatur T_g (mit einer Heizrate von 8K/min) drastisch. Sie zeigt einen steilen endothermen Anstieg innerhalb weniger Kelvin, gefolgt von einem ebenso raschen Abfall auf einen mit steigender Temperatur sinkenden Wert der Wärmekapazität der unterkühlten Schmelze. Der Verlauf in der unterkühlten Schmelze (gestrichelt) konnte unter Berücksichtigung von c_p-Meßdaten an Au-Pb-Sb-Emulsionen auf die Meßwerte im Bereich der stabilen Schmelze oberhalb T_E interpoliert werden [148, 149]. Das Verhalten der Wärmekapazitäten unterkühlter Schmelzen ist aus der Literatur für metallische Systeme bekannt [54] und konsistent mit den experimentellen Beobachtungen.

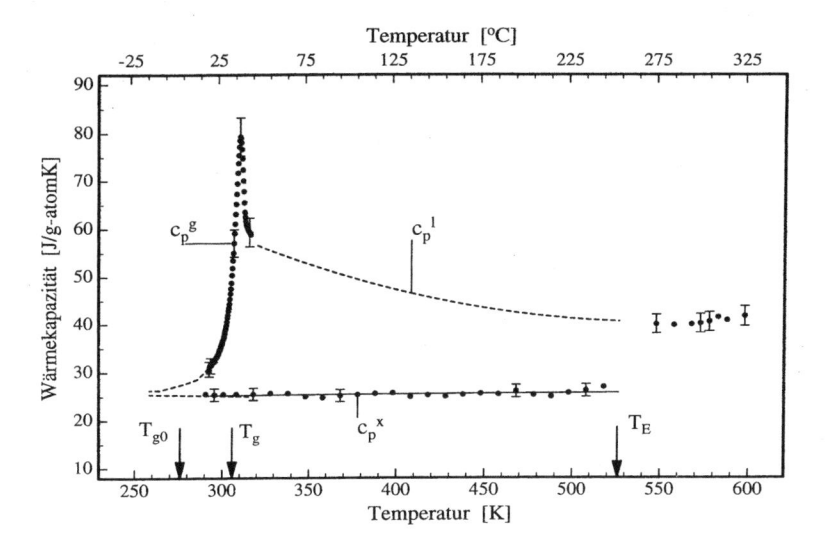

Abb. 4.33: Wärmekapazitäten von $Au_{53.2}Pb_{27.6}Sb_{19.2}$ im Glaszustand, in der unterkühlten Schmelze und im stabilen Kristall.

In den Abbildungen 4.34, 4.35 und 4.36 sind die jeweiligen Funktionen für Entropie, Enthalpie und Gibbssche Freie Enthalpie gezeigt. Eine Temperatur von 273K wurde willkürlich als Nullpunkt für die berechneten Entropien und Enthalpien der kristallinen Phase gewählt.

Die Entropien von Schmelze und Kristall in Abbildung 4.34 fallen mit sinkender Temperatur gemäß dem dritten Hauptsatz monoton ab. Die Differenz beider Kurven ist am eutektischen Schmelzpunkt T_E gleich der Schmelzentropie von ΔS_f=14.9J/g-atomK und wird mit abnehmender Temperatur geringer. Der gemeinsame Schnittpunkt bei Gleichheit der Entropien von Schmelze und Kristall $T_{\Delta S=0}=T_{g0}=276\pm10K$ bezeichnet die Kauzmann-Temperatur.

In Abbildung 4.35 fallen H^l und H^x gemäß dem Verlauf der Wärmekapazitäten mit sinkender Temperatur monoton ab. H^x ist für den stabilen Kristall als Summe über die gewichteten unterschiedlichen kristallinen Komponenten zu verstehen. Die Differenz beider Kurven für eine bestimmte Temperatur liefert die sogenannte Kristallisationsenthalpie ΔH_x und stimmt mit den kalorimetrisch gemessenen Kristallisationsenthalpien von $Au_{53.2}Pb_{27.6}Sb_{19.2}$-Glasproben überein.

Am Schmelzpunkt entspricht der Unterschied zwischen H^l und H^x gerade der Schmelzenthalpie von $\Delta H_f = 7.82$ kJ/g-atom.

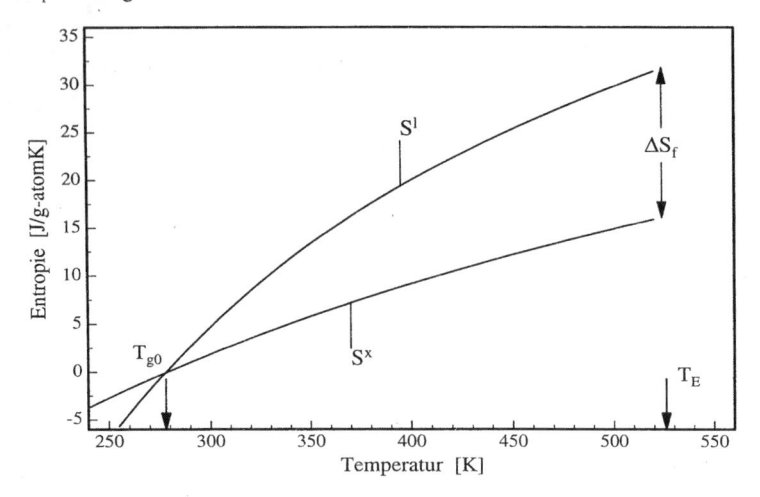

Abb. 4.34: Entropien von Schmelze S^l und Kristall S^x in Abhängigkeit von der Temperatur für $Au_{53.2}Pb_{27.6}Sb_{19.2}$.

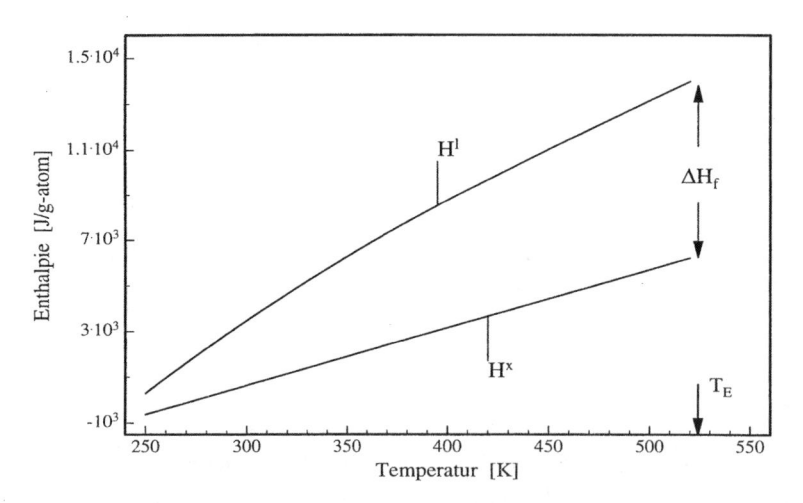

Abb. 4.35: Enthalpien von Schmelze H^l und Kristall H^x in Abhängigkeit von der Temperatur für $Au_{53.2}Pb_{27.6}Sb_{19.2}$.

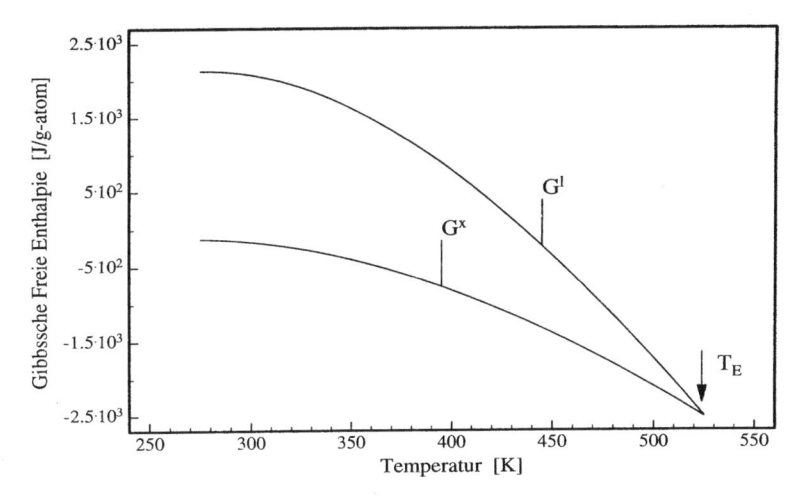

Abb. 4.36: Gibbssche Freie Enthalpien von Schmelze G^l und Kristall G^x in Abhängigkeit von der Temperatur für $Au_{53.2}Pb_{27.6}Sb_{19.2}$.

Die Gibbssche Freie Enthalpie des Kristalles G^x ist auch im Fall von Au-Pb-Sb-Legierungen als eine mittlere Größe aufzufassen, die nicht zwischen den unterschiedlichen kristallinen Phasen explizit unterscheidet, sondern sich auf den Kristall insgesamt bezieht.

4.2.5 Viskositätsmessungen

Mehrere isochrone Kriechversuche mit unterschiedlichen mechanischen Zugspannungen σ an $Au_{53.2}Pb_{27.6}Sb_{19.2}$-Glasfolien zeigten übereinstimmende Meßergebnisse. Mit Annäherung an die Glastemperatur wurden die Proben „weich", d.h. sie entwickelten viskose bzw. viskoelastische Fließeigenschaften bis zum Einsetzen der Kristallisation (siehe Abbildung 4.37). Die zugehörigen Viskositäten η konnten aus den jeweiligen Dehnungsraten dϵ/dt η=σ/(3dϵ/dt) (Gleichung 2.30) berechnet werden. In Abbildung 4.37 ist die Viskosität (linke Abszisse) eines isochronen Zugversuches (▲) bei einer Heizrate von 2K/min und einer Zugspannung von 0.14MPa logarithmisch über der Temperatur aufgetragen. Der ausgewertete Temperaturbereich bewegt sich zwischen 275K und 325K. Oberhalb 325K führt Kristallisation der unterkühlten $Au_{53.2}Pb_{27.6}Sb_{19.2}$ Schmelze zu einem steilen Anstieg der Viskosität. Zusätzlich sind die für die stabile Schmelze ermittelten Viskositätsdaten von Lord und Steinberg oberhalb der eutektischen Schmelztemperatur T_E in der Abbildung berücksichtigt [139].

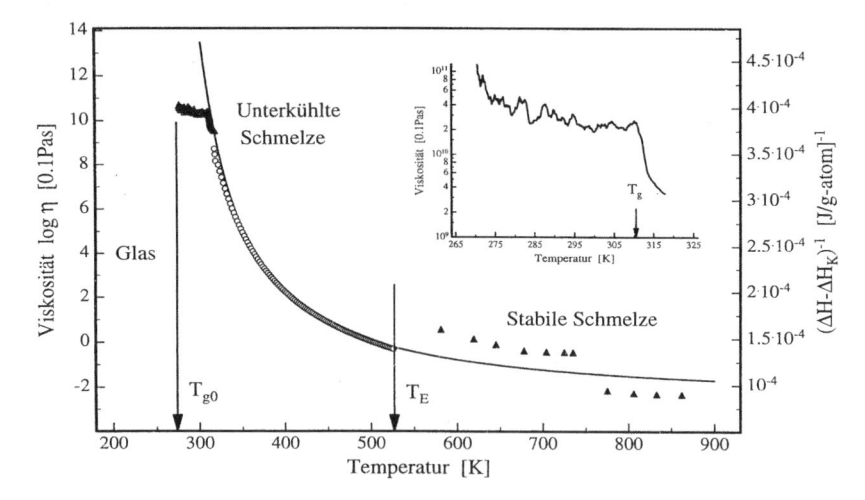

Abb. 4.37: Viskosität in Glas, unterkühlter und stabiler Schmelze von $Au_{53.2}Pb_{27.6}Sb_{19.2}$ (linke Abszisse) und reziproke Enthalpiedifferenz (rechte Abszisse) in Abhängigkeit der Temperatur.

Der Verlauf der Viskosität im Bereich der stabilen Schmelze zeigt mit sinkender Temperatur bei ca. 750K einen sprunghaften Anstieg. Dieser Sprung wird mit einer Assoziatbildung in der Schmelze korreliert [139] und wird für die weiteren Betrachtungen vernachlässigt. Abgesehen von diesem unsteten Verhalten hat die Viskosität in der stabilen Schmelze ($T>T_E$) ein fast Arrhenius-artiges, lineares Temperaturverhalten. Mit dem Überschreiten der Glastemperatur und dem Übergang in die unterkühlte Schmelze verringert sich die Viskosität innerhalb eines Intervalles weniger Kelvin um mehr als eine Zehnerpotenz. Bei weiterem Aufheizen steigt die Viskosität (hier nicht eingezeichnet) aufgrund von Kristallisation der Schmelze sprunghaft an. Im Temperaturbereich der unterkühlten Schmelze, der experimentell hier nur zwischen 10^{11}Pa·s und 10^9Pa·s zugänglich war, und dem Viskositätsbereich der stabilen Schmelze mit ca. 10^{-2}Pa·s muß es einen oder mehrere sinnvolle Funktionsverläufe geben. Der naheliegendste Verlauf nach Arrhenius (linearer Zusammenhang zwischen $\ln\eta$ und $1/T$) kommt für die Meßdaten in Abbildung 4.37 offensichtlich nicht in Frage. Aus diesem Grund wurde eine Funktion an die Datenpunkte der unterkühlten und stabilen Schmelze nach einem Vogel-Fulcher-Ansatz $\ln\eta = A + B/(T - T_{g0})$ angepaßt, der oft zur Beschreibung metallischer und auch glasbildender Schmelzen herangezogen wird [45, 51, 85]. Die durchgezogene Linie stellt die angepaßte Funktion mit den Parametern $A = -4.53$, $B = 1035K$ und $T_{g0} = 276K$ dar. A ist eine Materialkonstante und B kann als Aktivierungsenergieterm, aber nicht als Aktivierungsenergie für viskoses Fließen interpretiert werden. Die Temperatur T_{g0} ist mit der Kauzmann-Temperatur $T_{g0} = 276.4K$ gleichzusetzen und beschreibt die Grenztemperatur, bei der die Gleichgewichtsviskosität divergiert [150]. Das Abknicken der Viskositätsdaten unterhalb 310K ist eine Folge des Glasüberganges und typisch für den Verlust des Gleichgewichtszustandes der Schmelze.

Die funktionale Abhängigkeit nach Vogel-Fulcher ist wieder mit einer Divergenz von Aktivierungsenergiebarrieren E der Höhe $E = \partial(\ln\eta)/\partial(RT)^{-1}$ bei Annäherung an die Kauzmann-Temperatur verbunden. Im Intervall zwischen eutektischer Temperatur und einer Glastemperatur von beispielsweise 300K steigt die Barriere von ca. 0.4eV (38kJ/g-atom) bis auf ca. 14eV (1340kJ/g-atom) an. Ein ähnliches Verhalten müssen auch die zugehörigen Relaxationszeiten aufweisen.

Modenkopplungstheorien schlagen zur Beschreibung der Temperaturabhängigkeit der Viskosität Potenzgesetze nach Gleichung 2.13 der Form $\eta = \eta_0[(T/T_x) - 1]^{-\alpha}$ vor. α hat typische Werte zwischen 1.5 und 2.5, maximal 3.5, T_x bewegt sich im Bereich von $1.3 \cdot T_g$ [51]. Mit Parametern in diesen typischen Wertebereichen waren Funktionsanpassungen an den stark gekrümmten Verlauf der Meßdaten zur Viskosität von $Au_{53.2}Pb_{27.6}Sb_{19.2}$ nicht möglich.

In einer Reihe von Arbeiten von Ramachandra Rao und Mitarbeitern wird ein Zusammenhang zwischen thermodynamischen Daten unterkühlter Schmelzen und den zugehörigen Viskositätseigenschaften über Freie-Volumen-Modelle (siehe Abschnitt 2.2.2) hergestellt [39, 44, 151, 152]. Nach Gleichung 2.9 $\ln\eta(T) = C + D/(\Delta H - \Delta H_K)$ wurde der Verlauf der Viskosität mit den integrierten Enthalpiedaten für $Au_{53.2}Pb_{27.6}Sb_{19.2}$ (siehe Abschnitt 4.2.4) angepaßt und verglichen. Die Anpassung der Parameter $C = -16.04$ und $D = 1.03 \cdot 10^5 J/g$-atom erwies sich als erfolgreich. In Abbildung 4.37 kann der parallele Verlauf von $1/(\Delta H - \Delta H_K)$ (offene Kreise O, rechte Abszisse) und der zugehörigen Viskosität mit der Temperatur überprüft werden. Die Zahlenwerte C und D sind das Produkt aus zwei Parametern der Löchermodelle (Lochbildungsenergie e_h und Volumenverhältnis n zwischen Loch- und Atomvolumen) und zwei Konstanten. Das Volumenverhältnis und die Lochbildungsenergie können mit einfachem Anpassen an die Meßdaten nicht von den Konstanten getrennt berechnet und beurteilt werden. Die Aussagekraft ist deshalb nur sehr begrenzt.

Um die Lochbildungsenergie e_h und das Volumenverhältnis n zu bestimmen, wurden diese Größen direkt aus Viskositätsdaten angefittet, anschließend nach Gleichung 2.6 die zugehörigen Wärmekapazitäten und Kristallisationsenthalpien berechnet und diese mit den gemessenen Daten verglichen [151]. Eine Übereinstimmung der berechneten Daten zur Wärmekapazität und Kristallisationsenthalpie aus dem Parameterfit konnte mit den Meßwerten in keinem Fall erzielt werden. Die erhaltenen Zahlenwerte für e_h und n lagen jedoch immer im Bereich jener Werte, die für unterschiedlichste glasbildende metallische Systeme angegeben werden [39, 151]. Aus der Literatur ist aber nach Kenntnis des Autors keine Arbeit bekannt, die Meßdaten für die Wärmekapazität oder Kristallisationsenthalpie mit Daten über ein größeres Temperaturintervall verglichen haben, die auf Berechnungen mit den Fitparametern beruhen. Deshalb ist es fraglich, ob diese Modellvorstellung gleichzeitig die Viskosität und die Wärmekapazität sinnvoll beschreiben kann

Abschließend wurde versucht, die freien Parameter nach Gleichung 2.10 für die Viskosität des erweiterten Freien-Volumen-Modells von Cohen und Grest an die Meßdaten der unterkühlten und stabilen Schmelze anzupassen [21]. Der funktionale Verlauf des Datenfits wird durch die durchgezogene Linie in Abbildung 4.37 veranschaulicht und reproduziert die Krümmung des nicht linearen Vogel-Fulcher-Verhaltens der Viskosität sehr gut. Aus den Zahlenwerten der erhaltenen Modellparameter $A=-2.75$, $v_m/v_a=198$, $v_a\zeta_0=12.3$, und $T_0=276K$ können einige Schlüsse bezüglich des viskosen Fließmechanismus gezogen werden. Zum einen handelt es sich beim Fließen um einen kollektiven Prozeß innerhalb einer flüssig-ähnlichen Zelle einer typischen Größe von $v_m/v_a=200$ Atomen/Molekülen in der Schmelze. Dies kann man gut im Sinne eines mikroskopischen Fließmechanismus verstehen, der bei Platzwechselvorgängen in der Schmelze immer Umordnungsvorgänge in der näheren Umgebung eines sich bewegenden Teilchens erfordert. Zum anderen ist die Grenztemperatur T_0 mit der Kauzmann-Temperatur T_{g0}

identifizierbar und beschreibt das divergente Verhalten der Viskosität. Der Parameter A liegt in der Größenordnung anderer glasbildender, nicht-metallischer Schmelzen. ζ_0 dient als eine (experimentell schwer zu beurteilende) Skalierungsgröße des zugrundeliegenden Modellpotentials zur Bildung freien Volumens. Jüngste Arbeiten zur Modellierung thermodynamischer Eigenschaften unterkühlter metallischer Schmelzen demonstrieren die prinzipielle Anwendbarkeit der Cohen/Grest-Theorie für Mg, In, Fe und $Au_{77}Ge_{13.6}Si_{9.4}$ [153].

5.1 Abschätzung der Grenzflächenenergien bei $Zr_{41}Ti_{13}Ni_{10}Cu_{13}Be_{23}$

Aus den heizratenabhängigen Kristallisationsmessungen wurde die Grenzflächenenergie σ^I für die Entmischung in zwei verschiedene flüssige Phasen l_1/l_2 (und nachfolgende Bildung von kfz-Kristalliten) sowie die Grenzflächenenergie σ^{II} zwischen sich bildender kristalliner (hexagonaler, siehe Abschnitt 4.1.5) Phase x und flüssiger Phase l_1 oder l_2 nach der klassischen Keimbildungstheorie abgeschätzt. In Abbildung 5.1 sind die zugehörigen Messungen mit den Wärmeflußsignalen während des isochronen Aufheizens mit drei verschiedenen Aufheizraten (5K/min, 10K/min und 20K/min) für die $Zr_{41}Ti_{13}Ni_{10}Cu_{13}Be_{23}$-Glasproben gezeigt.

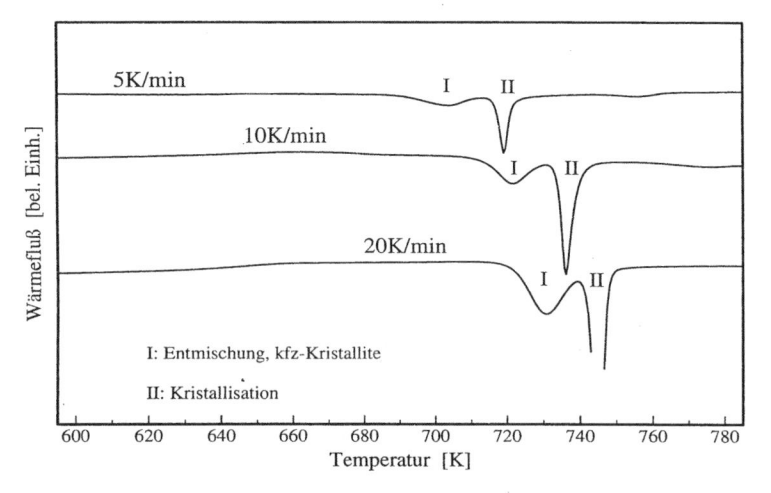

Abb. 5.1: Wärmeflußsignale für die Aufheizraten 5K/min, 10K/min und 20K/min während der Kristallisation von $Zr_{41}Ti_{13}Ni_{10}Cu_{13}Be_{23}$-Glasproben.

Mit steigender Heizrate ist deutlich die Verschiebung der Entmischungstemperatur (I) und der anschließenden Kristallisation (II) zu höheren Temperaturen ersichtlich. Oberhalb einer Aufheizrate von 50K/min überlappen die beiden Peaks (I und II) zu stark und können nicht mehr aufgelöst werden. Höhere Heizraten beeinflussen die Phasenselektion und verändern die Anteile der entstehenden unterschiedlichen kristallinen Phasen im Gefüge. Aus diesem Grund verschieben sich auch die Enthalpieanteile der Kristallisationsereignisse (I) und (II) an der gesamten freiwerdenden Kristallisationsenthalpie. In Tabelle 5.1 sind die zugehörigen Anteile des Entmischungspeaks (mit der Bildung von kfz-Kristalliten) und des nachfolgenden Kristallisationspeaks an der gesamten freiwerdenden Kristallisationsenthalpie des metallischen Massivglases $Zr_{41}Ti_{13}Ni_{10}Cu_{13}Be_{23}$ für die verschiedenen Heizraten aufgelistet.

Tabelle 5.1: Peakanteile an gesamter während der Kristallisation freigesetzten Enthalpie (ca. 5kJ/g-atom).

Heizrate	Onset-Temperatur Entmischung + kfz-Kristallite (I)		Onset-Temperatur Kristallisation (II)		Enthalpieanteil f_I für (I)	Enthalpieanteil f_{II} für (II)
[K/min]	[K]	[°C]	[K]	[°C]		
0.1	633.9	360.8	685.3	412.2	0.42	0.20
0.3	637.5	364.4	688.6	415.5	0.32	0.18
0.5	651.4	378.3	693.7	420.6	0.37	0.15
0.8	659.6	386.5	698.3	425.2	0.38	0.17
1	661.8	388.7	698.2	425.1	0.40	0.25
2	672.1	399.0	704.3	431.2	0.31	0.5
5	692.9	419.8	720.0	446.9	0.25	0.64
10	713.2	440.1	733.4	460.3	0.28	0.66
15	719.1	446.0	737.8	464.7	0.23	0.67
20	721.4	448.3	740.8	467.7	0.23	0.66
50	749.0	475.9	760.1	487.0	0.15	0.77

Dieser Tabelle können die jeweiligen Enthalpieanteile für die Umwandlungen bei den jeweiligen Temperaturen für die Abschätzung der Grenzflächenenergien entnommen werden. Hierbei wird deutlich, daß mit wachsender Heizrate der Anteil des ersten Peaks, d.h. der Anteil für die Entmischung und die Bildung von kfz-Kristalliten, stark abnimmt und der zweite Peak zunimmt. Daraus ist zu folgern, daß sich der Einfluß der Entmischung bei höheren Kristallisationstemperaturen (höhere Aufheizrate), möglicherweise aufgrund kinetischer Effekte (Diffusion), für die Kristallisation (II) der hexagonalen Phase verringert.
Eine exakte und quantitative Behandlung von Keimbildung für mehrkomponentige Systeme ist derzeit nur mit Einschränkungen möglich [8]. Deshalb sind zur Abschätzung der

Grenzflächenenergien eine Reihe von Annahmen und Näherungen notwendig, die im folgenden erläutert werden.

Der Vergleich der Kristallisationsenthalpien isotherm oberhalb der Entmischungstemperatur ausgelagerter Proben mit nicht ausgelagerten Proben zeigt, daß die Entmischung die Bildung einer bestimmten kristallinen Phase fördert. Die entmischten Bereiche dienen als Vorstufe zur Kristallisation und damit als Kristallisationskeime. Die zur Bildung kritischer Keime notwendigen Konzentrationsfluktuationen in der Schmelze werden dadurch erleichtert, daß die entmischten Bereiche eine dem kritischen Keim ähnlichere Zusammensetzung als die homogene Schmelze haben. Die Keimzahldichten für das Kristallisationsereignis (II) (hexagonale Phase) nach der Entmischung und Bildung der kfz-Kristallite (I) sind in diesem Fall durch die Anzahl der entmischten Bereiche pro Volumen gegeben. Beide Prozesse (Entmischung (I) und Kristallisation (II)) laufen zusätzlich in vergleichbaren Zeiträumen ab, d.h. mit ähnlichen Raten. Bildet man das Verhältnis $I_V^I(T_1)/I_V^{II}(T_2)$ der klassischen Keimbildungsraten $I_V(T)=A_V/\eta \exp[-\Delta G^*(T)/RT]$ mit $\Delta G^*(T)=b\sigma(T)^3/\Delta G_V(T)^2$ (Gleichung 2.21) für die Entmischungsreaktion (I) mit der Bildung von kfz-Kristalliten $I_V^I(T_1)$ bei der Temperatur T_1 und der Kristallisation (II) $I_V^{II}(T_2)$ bei der Temperatur T_2, sollte deshalb der Zahlenwert des Quotienten mit eins abgeschätzt werden können. Somit gilt:

$$1 = \frac{I_v^I(T_1)}{I_v^{II}(T_2)} = \frac{\eta(T_2)}{\eta(T_1)} \cdot \exp\left(-\frac{16\pi}{3k_B} \cdot f(\Theta) \left(\frac{\sigma^I(T_1)^3}{T_1 \Delta G_v^I(T_1)^2} - \frac{\sigma^{II}(T_2)^3}{T_2 \Delta G_v^{II}(T_2)^2}\right)\right) \qquad 5.1$$

Die Benetzungsfunktion $f(\Theta)$ wurde in Gleichung 5.1 gleich dem Wert eins (für homogene Keimbildung) gesetzt. Für die Berechnung der Viskositäten der jeweiligen Temperaturen T_1 und T_2 wurde ein an isochronen Meßdaten orientierter Viskositätsverlauf nach Arrhenius $\eta=2.39\cdot10^{-9}\exp(231.9kJ/g\text{-atom}/RT)$ [Pa·s] verwendet (siehe Abschnitt 4.1.7). Die Differenzen der Gibbsschen Freien Enthalpien in Gleichung 5.1 sind auf die jeweiligen Volumina zu beziehen, in denen die Entmischung bzw. nachfolgend die Kristallisation stattfinden.

Beim Entmischungsterm wurde berücksichtigt, daß nur ein Bruchteil f_I der gesamten Gibbsschen Freien Enthalpiedifferenz zwischen Schmelze und Kristall wirksam ist. Der restliche Anteil der Kristallisationsenthalpie verteilt sich auf die nachfolgenden Kristallisationsereignisse. In Abbildung 5.2 ist der schematische Verlauf von ΔG_V bei der Entmischung (I) und der nachfolgenden Kristallisation (II und III) von $Zr_{41}Ti_{13}Ni_{10}Cu_{13}Be_{23}$ gezeigt.

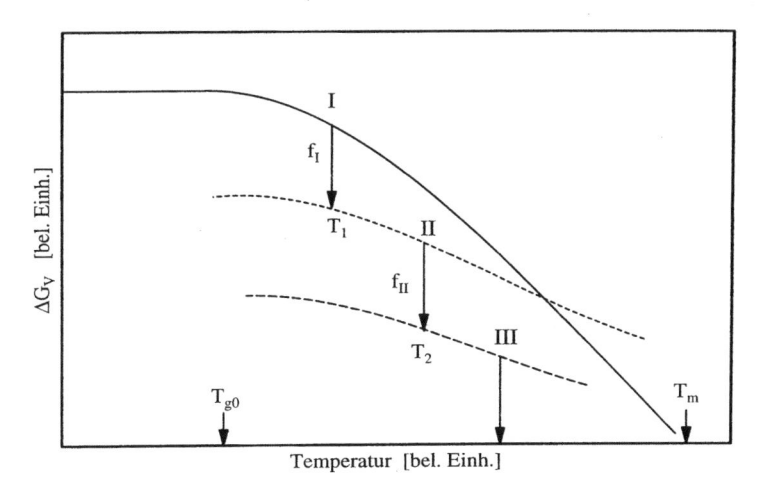

Abb. 5.2: Schematischer Verlauf von ΔG_V bei der Entmischung mit gleichzeitiger Bildung von kfz-Kristalliten und der nachfolgenden Kristallisation einer hexagonalen Phase während des Aufheizens aus dem Glaszustand.

Der Bruchteil f_I der treibenden Kraft in Abbildung 5.2 für die Entmischung wurde mit Hilfe der gemessenen Enthalpien (DSC), wie in Tabelle 5.1 angegeben, abgeschätzt. Dabei setzt man voraus, daß der kalorimetrisch ermittelte Anteil der Entmischung an der gesamten Enthalpiedifferenz zwischen Kristall und Schmelze gleich dem entsprechenden Anteil der Differenz der Gibbsschen Freien Enthalpie ist. D.h. der Anteil der Entmischungsenthalpie wird dem Anteil der Gibbsschen Freien Enthalpie gleichgesetzt. Die verwendeten ΔG_V-Werte beruhen auf den integrierten Daten der spezifischen Wärmekapazitäten (siehe Abschnitt 4.1.6). Für den nachfolgenden Kristallisationsprozeß gilt sinngemäß die gleiche Argumentation, daß der in Abbildung 5.2 schematisch eingezeichnete Bruchteil f_{II} aus Tabelle 5.1 von ΔG_V bei der Kristallisation wirksam ist. Der Unterschied zur Entmischung liegt darin, daß sich dieser Bruchteil nur auf den bereits entmischten (und deshalb kristallisierenden) Volumenanteil des Gesamtvolumens der unterkühlten Schmelze bezieht. Die lokal entmischten Bereiche im Volumen der unterkühlten Schmelze werden deshalb als die Kristallisationskeime für die nachfolgende Kristallisation der hexagonalen Phase betrachtet. Dieser Volumenanteil wurde in den Berechnungen mit 50% des Gesamtvolumens (entsprechend dem amorphen Anteil in den Röntgenstreuspektren nach dem Kristallisationspeak (II)) angesetzt.

Damit sind alle verwendeten Vereinfachungen, Näherungen und der Abschätzung zugrundeliegenden Annahmen genannt.

Zur numerischen Lösung des Problems (Methode und Algorithmus nach Levenberg-Marquard) wurde eine geringe Variation des Zahlenwertes des Quotienten von eins der Gleichung 5.1 zugelassen. Das eingesetzte Verfahren suchte iterativ nach möglichen Paaren von Zahlenwerten für die Grenzflächenenergien $\sigma^I(T)$ und $\sigma^{II}(T)$, so daß die Differenz vom vorgegebenen Quotientenwert eins in Gleichung 5.1 minimal wird. Jede der verwendeten Heizraten aus Tabelle 5.1 ergab ein Wertepaar für die Grenzflächenenergien $\sigma^I(T)$ und $\sigma^{II}(T)$.

In Abbildung 5.3 sind die somit erhaltenen Grenzflächenenergien für die Entmischungsreaktion (bei nachfolgender Bildung von kfz-Kristalliten) $\sigma^I(T)$ und die anschließende Kristallisation $\sigma^{II}(T)$ aufgetragen. Zusätzlich ist der lineare Ansatz von Spaepen $\sigma^{xl}(T) = \alpha_m \Delta S_f T / (N_A V_m^2)^{1/3}$ nach Gleichung 2.25 für die Grenzflächenenergie $\sigma^{xl}(T)$ zwischen Kristall (hdp: $\alpha_m = 0.86$) und Schmelze (gestrichelte Linie) zum Vergleich eingezeichnet. Die ausgewerteten Heizraten liegen zwischen 0.1K/min und 50K/min.

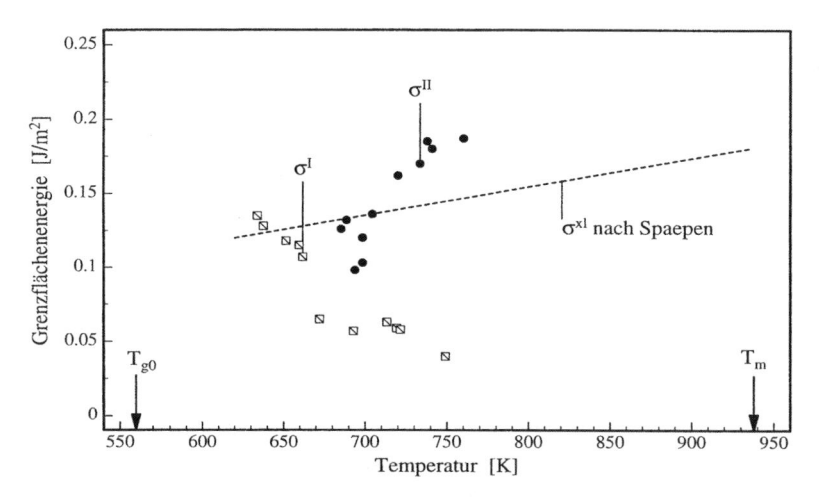

Abb. 5.3: Grenzflächenenergie σ^{II} zwischen (hexagonalem) Kristall und der Schmelze, Grenzflächenenergie σ^I zwischen Schmelzen l_1 und l_2 und lineare Spaepen-Näherung in Abhängigkeit von der Temperatur.

Es ist gut erkennbar, daß die berechneten Zahlenwerte für die Grenzflächenenergie $\sigma^{II}(T)$ in der typischen Größenordnung von $0.1 J/m^2$ und $0.3 J/m^2$ liegen, die man für metallische Schmelzen kennt [58, 87]. Während die Grenzflächenenergie zwischen den flüssigen Phasen mit steigender Temperatur abnimmt, steigt die Energie zwischen Schmelze und (hexagonalem) Kristall an. Der Verlauf von $\sigma^{II}(T)$ entspricht dem bekannten Temperaturverhalten der Grenzflächenenergie und zeigt andeutungsweise eine Krümmung mit steigender Temperatur. Der Temperaturverlauf ist der Temperaturabhängigkeit der nach einem neuen Modell von Spaepen ausgewerteten Turnbull-Daten für die Kristallisation unterkühlter Hg-Tröpfchen ähnlich [89]. In dieser neuen Arbeit wird die Grenzflächenenergie als Funktion dreier Parameter (Dicke der Grenzfläche, Grenzflächenentropie und Grenzflächenenthalpie) beschrieben. Die Berechnung der Temperaturabhängigkeit erfolgte numerisch anhand der Hg-Tröpfchen-Daten von Turnbull und lieferte einen nicht linearen Zusammenhang zwischen Grenzflächenenergie und Unterkühlung $\Delta T = T_m - T$ der Schmelze.

Die Interpretation der flüssig-flüssig Grenzflächenenergie ist komplizierter, denn zusätzlich kommen Kristallisationseffekte nach dem Einsetzen der Entmischung (Bildung von kfz-Kristalliten) hinzu. Dieser Einfluß sei hier vernachlässigt. Nach Kenntnis des Autors liegen derzeit keinerlei vergleichbare Daten oder anwendbare Modelle in der Literatur vor. Vom thermodynamischen Standpunkt aus betrachtet, ist diese Energie nicht die Folge eines großen Entropieunterschiedes zwischen zwei Phasen wie die Schmelzentropie zwischen Schmelze und Kristall. Der physikalische Grund für das Auftreten der Grenzflächenspannung und der damit verbundenen Grenzflächenenergie $\sigma^I(T)$ ist die Differenz der Oberflächenspannungen der zwei unterschiedlichen metallischen Schmelzen. Die Grenzflächenspannung hängt davon ab, ob die unterkühlte Schmelze innerhalb der flüssig-flüssig Mischungslücke erfolgt oder nicht. Oberhalb der Lücke verschwindet die Grenzflächenspannung, und die Schmelze entmischt nicht mehr. Diesen Zustand erreicht man bei entsprechend schnellem Aufheizen einer homogenen Glasprobe, so daß diese kristallisiert, ohne vorher zu entmischen (Heizraten>75K/min). Heizt man die Probe langsamer auf, erreicht man eine Grenztemperatur, bei der die Grenzflächenenergie gerade zu Null wird. Im Prinzip besteht bei dieser Temperatur keine energetische Barriere mehr für die Entmischung. Sie könnte in diesem Fall spontan, mit unendlich hoher Geschwindigkeit erfolgen, wenn die treibende Kraft für die Entmischung nicht ebenfalls absinken würde. Bei weiterer Verringerung der Aufheizraten gelangt man in den Temperaturbereich unterhalb der Mischungslücke. $\sigma^I(T)$ steigt hier mit zunehmender

Unterkühlung, d.h. abnehmender Aufheizrate, an. Damit erklärt sich die negative Temperaturabhängigkeit. Eine Bewertung der Absolutwerte der Grenzflächenenergie kann anhand fehlender Vergleichsdaten nicht erfolgen.

Ein Kriterium zur Überprüfung der erhaltenen Absolutwerte für die Grenzflächenenergien ist die Berechnung zugehöriger ZTU-Kurven für die Entmischung und die nachfolgende Kristallisation. Deshalb wurden anhand der abgeschätzten Anteile der Gibbschen Freien Enthalpien (nach Tabelle 5.1), der berechneten Grenzflächenenergien und des linearen Verlaufes der Viskosität (siehe Abschnitt 4.1.7) ZTU-Kurven nach Gleichung 2.18 im Temperaturbereich der isochronen Messungen berechnet. Als gemeinsamer Vorfaktor A_v diente bei der Berechnung der Keimbildungsraten ein Zahlenwert von etwa $A_v=10^{24} Pa \cdot s \cdot m^{-3} s^{-1}$ (Gleichung 2.21). Die zeitliche Integration der Keimbildungsrate ergibt mit diesem Zahlenwert des Vorfaktors eine kristalline Keimdichte, die der aus REM-Aufnahmen des kristallinen Gefüges ausgezählten Keimdichte von $5.6 \cdot 10^{18} m^{-3}$ für die Entmischung und die nachfolgende Kristallisation entspricht. Ein Vergleich der gemessenen Zeiten des Einsetzens isothermer und isochroner Kristallisation (siehe Abschnitte 4.1.4 und 4.1.5) mit dem Verlauf der ZTU-Kurven für die Entmischung und die nachfolgende Kristallisation ergab eine qualitative Übereinstimmung für die zugehörigen Zeiten und Temperaturen.

Aufgrund der erhaltenen Grenzflächenenergien für das sehr komplexe fünfkomponentige System und der Temperaturabhängigkeiten erscheinen die Annahmen, die zur Abschätzung der Grenzflächenenergien gemacht wurden, als sinnvoll. Es ist zu beachten, daß die Abschätzung auf der Basis klassischer Keimbildungstheorie und isochroner Meßdaten, nicht aber isothermen Messungen erfolgte. Für isochrone Daten ist die verwendete Gleichung 5.1, streng genommen, nicht gültig. Isochrone Messungen beinhalten immer transiente Effekte, die das zeitliche Verhalten einer Meßgröße, hier die Freisetzung der Kristallisationswärme, verändern.

Eine genaue quantitative Analyse setzt selbstverständlich einen sehr hohen experimentellen und theoretischen Aufwand voraus, sowie die Berücksichtigung aller während des Kristallisationsprozesses beteiligten Phasen, inklusive der entsprechenden treibenden Kräfte, der kinetischen Faktoren und der chemischen Potentiale.

5.2 Diskussion der Glasbildungsfähigkeit metallischer Schmelzen, Stabilitätsüberlegungen

Die Frage nach der Stabilität metallischer Schmelzen gegen Kristallisation ist gleichbedeutend mit der Frage nach der Fähigkeit, eine Schmelze durch Verhinderung heterogener Keimbildung zu unterkühlen. Welche Kriterien Kristallisation behindern und Glasbildung fördern, wird seit langem in der Literatur diskutiert [2, 13, 14, 17-20, 154]. Für eine umfassende Darstellung dieser Thematik sei auf die angegebenen Referenzen verwiesen. Im Rahmen dieser Arbeit soll die Diskussion der Glasbildungstendenz von $Zr_{41}Ti_{13}Ni_{10}Cu_{13}Be_{23}$- und Au-Pb-Sb-Legierungen, sowie $Pd_{40}Ni_{40}P_{20}$ anhand der thermodynamischen und kinetischen Meßdaten im Vergleich zu elementaren metallischen Schmelzen geführt werden.

Eine der naheliegendsten Kriterien auf der Suche nach guten metallischen Glasbildnern sind tiefe Eutektika. Tiefe Eutektika sind zum einen ein Indiz für eine hohe Stabilität der Schmelze gegenüber dem Kristall. Sie erleichtern es zum anderen, bei einem Abschreckvorgang das reduzierte Intervall zwischen eutektischer Temperatur und Glastemperatur ohne Kristallisation zu überbrücken und ein Glas zu bilden. Verglichen mit nicht eutektischen Systemen sind die Abkühlraten entscheidend kleiner. Es ist daher nicht verwunderlich, wenn es sich bei allen in dieser Arbeit untersuchten Legierungen um Eutektika handelt. Die eutektischen Schmelzpunkte sind, bezogen auf die Summe der nach molaren Anteilen gewichteten Schmelzpunkte der Elemente, um typisch 50% reduziert. Dies ist zum einen die Folge negativer Mischungsenthalpien der Elemente, zum anderen die Folge der Destabilisierung von Mischkristallen durch Einlagerung von Fremdatomen unterschiedlichster Atomradien wie im Fall von $Zr_{41}Ti_{13}Ni_{10}Cu_{13}Be_{23}$ [155].

Die wichtigste thermodynamische Größe zur Beschreibung der Glasbildungstendenz von Schmelzen ist die Differenz der Wärmekapazitäten zwischen unterkühlter Schmelze und Kristall. Durch Integration (Gleichungen 2.14, 2.15 und 2.16) können die zugehörigen Entropiedifferenzen, Enthalpie- und Gibbssche Freie Enthalpiedifferenzen berechnet werden. In Abbildung 5.4 sind die Differenzen der Wärmekapazitäten von drei unterschiedlichen reinen Metallen, Indium, Bismut und Zinn [156] mit drei guten Glasbildnern $Au_{53.2}Pb_{27.6}Sb_{19.2}$, $Zr_{41}Ti_{13}Ni_{10}Cu_{13}Be_{23}$ und $Pd_{40}Ni_{40}P_{20}$ [157] über der reduzierten Temperatur aufgetragen [158].

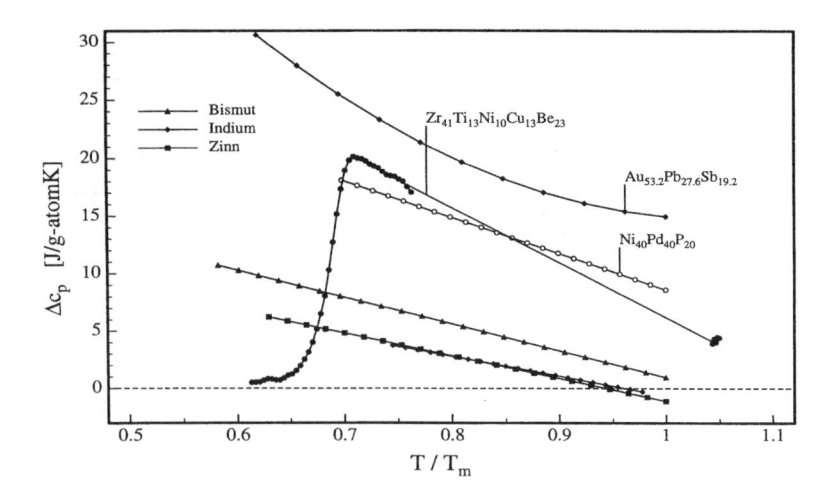

Abb. 5.4: Differenz der Wärmekapazitäten Δc_p zwischen unterkühlter Schmelze und Kristall rein metallischer Systeme und metallischer glasbildender Systeme als Funktion der reduzierten Temperatur.

Der Unterschied zwischen reinen Metallen und den Glasbildnern liegt im wesentlichen in einer größeren Differenz der Wärmekapazitäten von etwa (7-15 J/g-atom) zwischen Schmelze und Kristall am Schmelzpunkt ($T/T_m=1$). Für reine Metalle sind hier die Wärmekapazitätsdifferenzen zwischen Schmelze und Kristall sehr gering. Die zugehörigen Steigungen unterscheiden sich bei reinen Metallen und glasbildenden Schmelzen als Funktion der Unterkühlung wenig.

In Abbildung 5.5 sind die reduzierte Entropiedifferenz $\Delta S/\Delta S_f$ von Indium als typischer Vertreter eines reinen Metalles mit den drei glasbildenden metallischen Schmelzen auf reduzierter Temperaturskala T/T_m verglichen. Als universelle Skalierungsgrößen dienen die Schmelzentropien ΔS_f, die für viele Metalle den typischen Wert der Gaskonstante R mit 8.31 J/g-atomK haben (Richards Regel [62]) und die zugehörigen Schmelztemperaturen T_m.

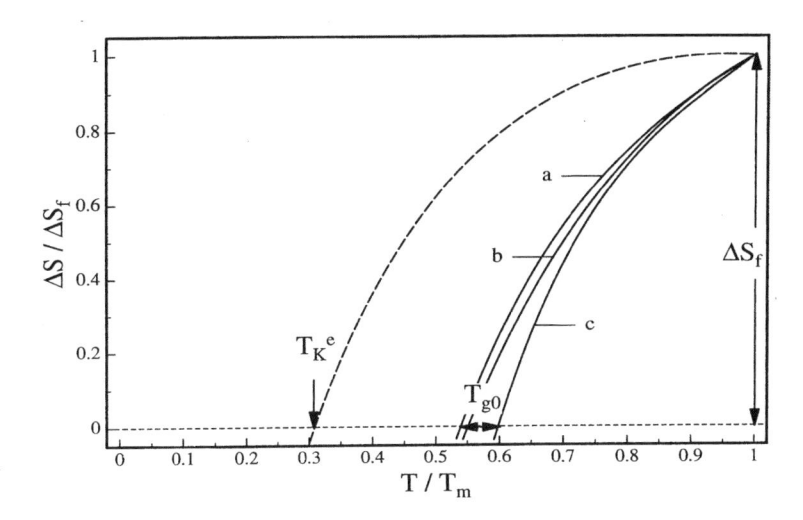

Abb. 5.5: Reduzierte Entropiedifferenz von Indium im Vergleich zu den Glasbildnern $Au_{53.2}Pb_{27.6}Sb_{19.2}$ (a), $Zr_{41}Ti_{13}Ni_{10}Cu_{13}Be_{23}$ (c) und $Pd_{40}Ni_{40}P_{20}$ (b).

Aus der Abbildung 5.5 ist der Unterschied in der Lage der Kauzmann-Temperaturen für reine Metalle T_K^e bei 0.3 T/T_m und metallische Glasbildner T_{g0} bei 0.55-0.6 T/T_m ersichtlich. Interpretiert man die Kauzmann-Temperaturen als untere Grenze für die Unterkühlbarkeit von Schmelzen bis zum Einsetzen des Glasübergangs, liegt die Glasübergangstemperatur bei guten Glasbildnern im Bereich von 40-45% Unterkühlung, bei reinen Metallen bei 70% Unterkühlung. D.h. je größer die Differenz der Wärmekapazitäten bezogen auf die Schmelzentropie ist, desto höher liegt die Kauzmann-Temperatur und damit die Glastemperatur. Die relative Lage der Glastemperatur bezogen auf die zugehörige Schmelztemperatur ist deshalb ein Maß für die Fähigkeit einer Schmelze, ein Glas zu bilden.

Der Vergleich der Enthalpiedifferenzen $\Delta H/\Delta H_f$ in Abbildung 5.6 hat ein ähnlich universelles Verhalten wie die Entropien. Die Normierungsgröße ist in diesem Fall die jeweilige Schmelzenthalpie ΔH_f. Mit wachsender Unterkühlung friert in allen Schmelzen zunehmend Enthalpie aus. Die geringeren Differenzen der Wärmekapazitäten reiner metallischer Schmelzen führen dazu, daß in der Nähe der Kauzmann-Temperatur T_K^e noch ein hoher Enthalpieanteil von typisch 50% vorhanden ist. Bei den guten metallischen Glasbildnern liegt der Anteil in der Nähe von T_{g0} bei ca. 30%. Die Enthalpiedifferenz ist der jeweilige Meßwert, den man beispielsweise bei der Kristallisation einer metallischen glasbildenden Schmelze beim Aufheizen in einer DSC erhalten würde.

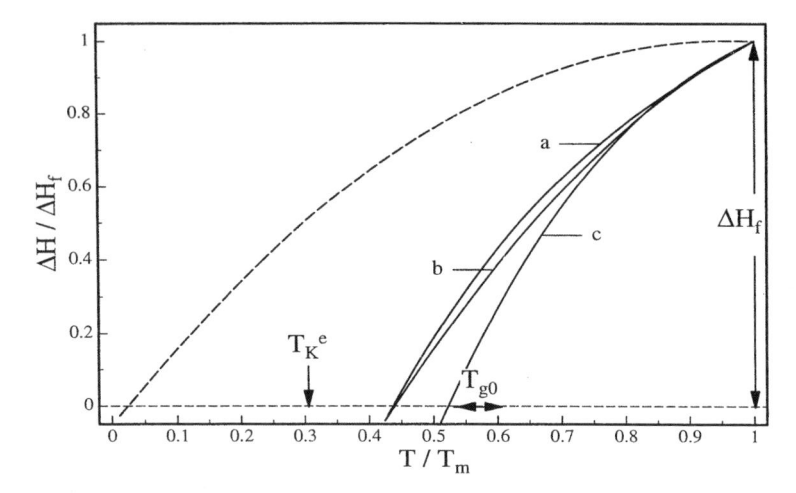

Abb. 5.6: Reduzierte Enthalpiedifferenz von Indium im Vergleich zu den Glasbildnern $Au_{53.2}Pb_{27.6}Sb_{19.2}$ (a), $Zr_{41}Ti_{13}Ni_{10}Cu_{13}Be_{23}$ (c) und $Pd_{40}Ni_{40}P_{20}$ (b).

Sowohl für die Keimbildung als auch das Keimwachstum in unterkühlten Schmelzen ist die Differenz der Gibbsschen Freien Enthalpien $\Delta G = G^l - G^x$ ein entscheidender Faktor, wie in Abschnitt 2.4 (Gleichungen 2.21 und 2.24: $I_v(T)$ Keimbildungsrate, 2.26: $u(T)$ Wachstumsgeschwindigkeit der Keime) gezeigt wurde. In Abbildung 5.7 sind die Differenzen $\Delta G/\Delta H_f$ der drei metallischen Glasbildner $Au_{53.2}Pb_{27.6}Sb_{19.2}$, $Zr_{41}Ti_{13}Ni_{10}Cu_{13}Be_{23}$ und $Pd_{40}Ni_{40}P_{20}$ auf reduzierter Temperaturskala T/T_m mit dem reinen Metall Indium verglichen.

In Abbildung 5.7 ist bei den glasbildenden Schmelzen und der reinen Metallschmelze jeweils ein näherungsweise linearer Anstieg der treibenden Kraft ΔG mit wachsender Unterkühlung nahe der Schmelztemperaturen zu erkennen. Bei höchster Unterkühlung knicken die Kurvenverläufe auf einen jeweils konstanten Wert unterhalb der zugehörigen Kauzmann-Temperaturen ab. Hier wird die Reduzierung der treibenden Kraft der glasbildenden Schmelzen um mindestens 40%, bezogen auf die reine Metallschmelze, deutlich.

Diese Reduzierung führt maßgeblich dazu, daß die Keimbildungsraten und das Wachstum bereits gebildeter, kritischer Keime in der unterkühlten Schmelze stark gehemmt sind.

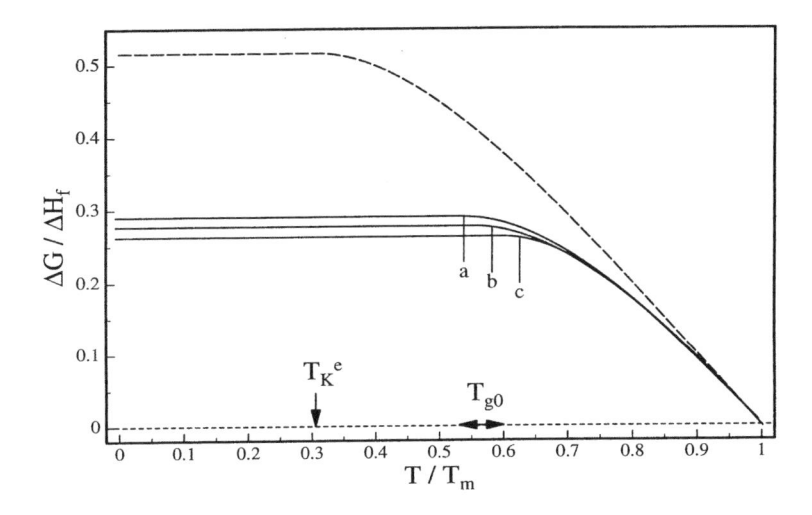

Abb. 5.7: Reduzierte Gibbssche Freie Enthalpiedifferenz von Indium im Vergleich zu den Glasbildnern $Au_{53.2}Pb_{27.6}Sb_{19.2}$ (a), $Zr_{41}Ti_{13}Ni_{10}Cu_{13}Be_{23}$ (c) und $Pd_{40}Ni_{40}P_{20}$ (b).

Zur Beurteilung der Keimbildung und des Keimwachstums muß zudem die Rolle der Viskosität metallischer Schmelzen berücksichtigt werden (Gleichungen 2.21 und 2.26). Durch die Viskosität wird über die Stokes-Einstein-Beziehung ein Diffusionskoeffizient und damit eine Anlagerungsrate an die fest-flüssig Grenzflächen eines kristallinen Keimes definiert. Hohe Grenzflächenenergien erschweren die Keimbildung zusätzlich. Eine niederviskose Schmelze erleichtert die Bildung und das Wachstum kristalliner Keime. Eutektische und glasbildende metallische Systeme zeigen oft höhere Viskositäten als Schmelzen reiner Metalle und begünstigen damit die Glasbildung [85].

Die Komplexität einer Schmelze ist ebenfalls, wie in der Einleitung angedeutet, der Glasbildung förderlich. Gemäß dem „Konfusionsprinzip" verringert die Komplexität die Wahrscheinlichkeit, einen kritischen, wachstumsfähigen Keim zu bilden, drastisch. Jede zusätzliche Legierungskomponente vermindert die Wahrscheinlichkeit für homogene und heterogene Keimbildung um etwa eine Zehnerpotenz [7, 8]. Die stark unterschiedlichen Atomradien der

Legierungspartner fördern, wie im Fall des metallischen Massivglases $Zr_{41}Ti_{13}Ni_{10}Cu_{13}Be_{23}$, das Konfusionsprinzip und tragen mit einer entsprechend hohen atomaren Packungsdichte in der Schmelze zu einem kleineren Anteil freien Volumens und damit einer geringen Keimbildungsfrequenz bei [8]. In einer homogenen Schmelze müssen die zur Keimbildung notwendigen Fluktuationen umso größer sein, je weiter die atomare Zusammensetzung der Schmelze von der atomaren Zusammensetzung des kritischen Keimes entfernt ist. D.h. die Bildung von kristallinen Randphasen bzw. komplizierten Elementarzellen, die mit großen Fluktuationen in der Schmelze verbunden sind, haben eine geringere Keimbildungswahrscheinlichkeit. Kristallwachstum in einer mehrkomponentigen metallischen Schmelze ist ebenfalls ein aufwendigerer Umordnungs- und Entmischungsprozeß als dies beispielsweise in einer binären Legierung der Fall ist.

Qualitativ kann die Glasbildungstendenz unterkühlter Schmelzen im Fall von reinem Indium, den Legierungen $Au_{53.2}Pb_{27.6}Sb_{19.2}$, $Zr_{41}Ti_{13}Ni_{10}Cu_{13}Be_{23}$ und $Pd_{40}Ni_{40}P_{20}$ auch in einem ZTU-Diagramm veranschaulicht werden. Dazu sind eine Reihe von notwendigen quantitativen Vereinfachungen und Näherungen nötig, um die entsprechenden Tendenzen aufzeigen zu können. Dabei wird jedoch kein Anspruch auf eine exakte Behandlung der äußerst kompliziert zu beschreibenden mehrkomponentigen Systeme erhoben. Eine quantitative Berechnung von Keimbildungsraten ist in diesen Systemem derzeit nicht möglich [8].
Als Grundlage diente die klassische Keimbildungstheorie für die Keimbildungsrate $I_V(T)$ und eine modifizierte Berechnung der ZTU-Diagramme nach Uhlmann und Davies (siehe Abschnitt 2.4) [12, 13]. Für einen kristallinen Gesamtanteil von 10^{-6} wurden die zugehörigen Umwandlungszeiten $t(T)=[3 \cdot 10^{-6}/(\pi I_V(T)u(T)^3)]^{1/4}$ (Gleichung 2.19) für alle vier metallischen Schmelzen berechnet. Im Gegensatz zur ursprünglichen Formulierung von Davies [12] dienten die aus experimentellen Daten berechneten Differenzen der Gibbsschen Freien Enthalpien und experimentellen Viskositätsdaten für $Zr_{41}Ti_{13}Ni_{10}Cu_{13}Be_{23}$ (Arrhenius-artig) und $Au_{53.2}Pb_{27.6}Sb_{19.2}$ (Vogel-Fulcher-artig) als Eingangsdaten. Indium (Vogel-Fulcher-artig) und $Pd_{40}Ni_{40}P_{20}$ (Vogel-Fulcher-artig) werden mit dem Turnbull-Ausdruck $\eta(T)=10^{-4.3}\exp[3.34T_e/(T-T_g)]$ [Pa·s] für die Viskosität (Gleichung 2.23) abgeschätzt [2]. Die Spaepen-Näherung aus Abschnitt 2.4.3 für die Grenzflächenenergie σ^{xl} und der in Abschnitt 2.4.4 angegebenen Ausdruck nach Gleichung 2.26 für die Wachstumsgeschwindigkeit $u(T)$ der Keime kamen bei der Simulation zur Anwendung. Für alle Schmelzen wurde zudem ein einheitliches Benetzungsverhalten, d.h. homogene Keimbildung, zugrunde gelegt. Im realen Fall kristallisieren die Schmelzen mehrkomponentiger

metallischer Systeme in mehreren aufeinanderfolgenden Stufen (Ostwaldsche Stufenregel, siehe Abschnitt 4.1.5). Jede Kristallisationsstufe entspricht einer unterschiedlichen kristallinen Phase. Welche Phase zuerst kristallisiert, hängt nicht nur von der zugrundeliegenden treibenden Kraft (Thermodynamik), sondern auch von der Grenzflächenspannung und den Diffusionskoeffizienten (Kinetik) für die kristallisierenden Phasen ab [61 mit Referenzen]. Die Existenz unterschiedlicher konkurrierender kristalliner Phasen und auftretende Entmischungseffekte (siehe Abschnitt 4.1.3) in der unterkühlten Schmelze seien in dieser Betrachtung vernachlässigt. Stattdessen wird als weitere Vereinfachung angenommen, daß alle betrachteten Schmelzen einphasig mit einem integralen Wert der zugehörigen gesamten treibenden Kraft $\Delta G = G^l - G^x$ kristallisieren. Die Eigenschaften der kristallinen Phase werden als Summe der thermodynamischen Eigenschaften der einzelnen Phasen (linearer Ansatz) betrachtet.

Diese Näherung kann die experimentell beobachteten kritischen Abkühlraten nicht wiedergeben. Der Vorfaktor A_v aus Gleichung 2.21 wurde deshalb in allen Fällen derart gewählt, daß die Lage der Maxima den experimentell ermittelten kritischen Abkühlraten entspricht. Die zugehörigen Zahlenwerte der Vorfaktoren (In: $A_v = 10^{44} Pa \cdot s \cdot m^{-3} s^{-1}$, $Au_{53.2}Pb_{27.6}Sb_{19.2}$: $A_v = 10^{73} Pa \cdot s \cdot m^{-3} s^{-1}$, $Zr_{41}Ti_{13}Ni_{10}Cu_{13}Be_{23}$: $A_v = 10^{79} Pa \cdot s \cdot m^{-3} s^{-1}$, $Pd_{40}Ni_{40}P_{20}$: $A_v = 10^{73} Pa \cdot s \cdot m^{-3} s^{-1}$) sind aus diesem Grund unrealistisch hohe Werte.

Das Ergebnis unter Einbeziehung aller Näherungen ist in Abbildung 5.8 dargestellt. Anhand des schematischen ZTU-Digramms kann der Einfluß der treibenden Kraft, d.h. der Differenz der Gibbsschen Freien Enthalpien zwischen Schmelze und Kristall $\Delta G = G^l - G^x$ in Kombination mit dem Viskositätsverlauf, veranschaulicht werden. Quantitative Aussagen sind nicht möglich. Die Form und die Lage der ZTU-Kurven sind charakteristisch für den Einfluß der treibenden Kraft, der Grenzflächenspannung und der Viskosität der jeweiligen Schmelzen. Der schnelle Anstieg der Kurven ist Folge einer steigenden treibenden Kraft (Thermodynamik) mit dem Grad der Unterkühlung (siehe Abbildung 5.7). Der anschließende Abfall kann als die Folge eines starken Viskositätsanstieges und der damit verbundenen geringeren Beweglichkeit der Atome (Kinetik) in der Schmelze erklärt werden. Während für reine Elemente theoretische Abkühlraten der Schmelzen von bis zu 10^{10} K/min für einen Einfriervorgang in den Glaszustand notwendig sind [12], liegen die kritischen Abkühlraten für $Au_{53.2}Pb_{27.6}Sb_{19.2}$ bei 10^3 K/s [6], für $Zr_{41}Ti_{13}Ni_{10}Cu_{13}Be_{23}$ und $Pd_{40}Ni_{40}P_{20}$ bei ca. 1K/s, d.h. bei um etwa acht Größenordnungen längeren Zeiten [159, 160].

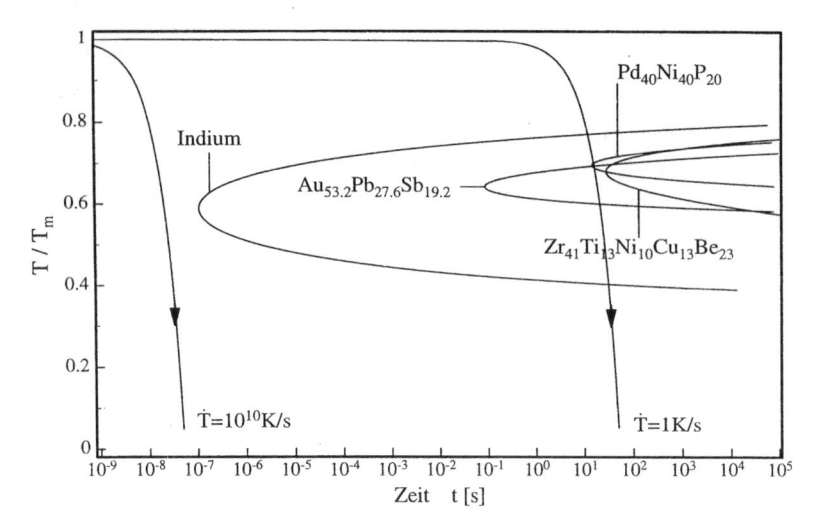

Abb. 5.8: Schematisches ZTU-Diagramm der Glasbildung nach Uhlmann für Indium, $Au_{53.2}Pb_{27.6}Sb_{19.2}$, $Zr_{41}Ti_{13}Ni_{10}Cu_{13}Be_{23}$ und $Pd_{40}Ni_{40}P_{20}$ und zwei typische Abkühlkurven.

Während die metallischen Glasbildner ein relativ scharfes Kristallisationsmaximum im Bereich von 30% Unterkühlung besitzen, hat die elementare metallische Indiumschmelze ein relativ breites Maximum bei 40% Unterkühlung. In Abbildung 5.8 sind außerdem zwei typische Abkühlkurve für Schmelzen reiner Elemente von etwa 10^{10}K/s und von Massivgläsern von etwa 1K/s eingetragen. Insgesamt wird aus dem schematischen Diagramm der Einfluß der um typisch 40% reduzierten treibenden Kräfte guter metallischer Glasbildner klar, d.h. die Verschiebung der zugehörigen Zeitskalen für die Kristallisation um etwa sieben Größenordnungen (Lage der „Nasen" der ZTU-Kurven). Die Zeiten für Kristallisationsprozesse der unterkühlten metallischen Legierungsschmelzen verlängern sich gegenüber den elementaren Metallschmelzen um mindestens sieben Zehnerpotenzen.

Der Vergleich der Form der ZTU-Kurven der metallischen Glasbildner $Au_{53.2}Pb_{27.6}Sb_{19.2}$ und $Pd_{40}Ni_{40}P_{20}$ mit dem Massivglas $Zr_{41}Ti_{13}Ni_{10}Cu_{13}Be_{23}$ demonstriert den Unterschied eines Vogel-Fulcher-Verhaltens der Viskosität der Schmelze im Gegensatz zu einem Arrhenius-Verhalten der Schmelze. Das Arrhenius-Verhalten der $Zr_{41}Ti_{13}Ni_{10}Cu_{13}Be_{23}$-Schmelze sorgt für eine breite Spitze, da die Viskosität bei Annäherung an die Kauzmann-Temperatur nicht divergiert, sondern weiterhin linear verläuft. Vogel-Fulcher-Verlauf läßt die Kurven von $Au_{53.2}Pb_{27.6}Sb_{19.2}$ und $Pd_{40}Ni_{40}P_{20}$ dagegen scharf abknicken und sorgt bei der rechnerischen Simulation prinzipiell für eine sehr schmale Spitze mit maximaler Keimbildungsrate.

Für einen exakten quantitativen Vergleich dürfen die schematischen ZTU-Kurven der metallischen Glasbildner mit den zugrundeliegenden Abschätzungen und Näherungen nicht herangezogen werden. Sie sind als Veranschaulichung der Glasbildungstendenz als Funktion der thermodynamischen und kinetischen Faktoren im Vergleich zu den einatomaren metallischen Schmelzen zu verstehen. Eine exakte und quantitativ befriedigende Behandlung des Kristallisationsverhaltens mehrkomponentiger Schmelzen ist im Rahmen der klassischen Keimbildungstheorie nicht möglich. Dem Experimentator gibt sie aber trotzdem eine handhabbare Möglichkeit, den Einfluß der unterschiedlichen experimentell zugänglichen Größen qualitativ zu studieren und die stark vereinfachte rechnerische Simulation mit realen Meßwerten zu vergleichen.

Während das Kristallisationsverhalten des $Au_{53.2}Pb_{27.6}Sb_{19.2}$-Glases in zwei unterschiedliche kristalline stabile Phasen (Au_2Pb und $PbSb$, siehe Abschnitt 4.2.3) relativ einfach ist, wird die Kristallisation einer unterkühlten $Zr_{41}Ti_{13}Ni_{10}Cu_{13}Be_{23}$-Schmelze durch einen vorhergehenden Entmischungsprozeß (siehe Abschnitt 4.1.3) eingeleitet. Der Entmischungsprozeß findet im Temperaturintervall zwischen Glastemperatur und Kristallisation statt. Der sehr große Stabilitätsbereich von bis zu 140K in der unterkühlten Schmelze kann als Folge der im Vergleich zu einatomaren Metallschmelzen um typisch 40% verringerten treibenden Kraft ΔG für Keimbildung und Keimwachstum verstanden werden (siehe Abbildung 5.7 und das zugehörige schematische ZTU-Diagramm in Abbildung 5.8). Die Aktivierungsenergie für die Selbstdiffusion von Beryllium in $Zr_{41}Ti_{13}Ni_{10}Cu_{13}Be_{23}$ liegt bei etwa 1eV im Glaszustand und in der unterkühlten Schmelze [125]. Die aus der Kissinger-Analyse im Abschnitt 4.1.3 berechnete Aktivierungenergie von 2.06eV für die Entmischung ist konstant und liegt damit oberhalb der Be-Daten. Man kann dies als Hinweis interpretieren, daß die Entmischung ein Diffusionsprozeß unter Beteiligung mehrerer Legierungskomponenten ist. Der ratenbestimmende Diffusionsschritt hängt dabei nicht vom Beryllium ab. Die nachfolgend gebildeten kfz-Kristallite leiten die stufenweise Kristallisation der unterkühlten Schmelze ein. Die kfz-Phase ist selbst metastabil und wächst nicht weiter. Anschließend kristallisiert zuerst eine hexagonale geordnete Phase und nachfolgend weitere, bisher nicht identifizierte, Phasen [119].

Das bei langsamen Aufheizraten bis etwa 50K/min entstehende nanokristalline Gefüge zeigt eine gleichmäßige Verteilung der Kristallite im Gefüge mit typischen Kristallitgrößen von 50-100nm. Die gleichmäßige Verteilung weist auf homogene Keimbildung, die nm großen Kristallite weisen auf eine sehr geringe Wachstumsgeschwindigkeit der jeweiligen Keime hin. Die geringen Wachstumsgeschwindigkeiten sind eine Folge der im Vergleich zu reinen Metallen verringerten treibenden Kraft und der zum Keimwachstum wichtigen Konzentrationsänderungen in der fünfkomponentigen komplexen Schmelze. Die hohe Viskosität der Schmelze und der damit verbundene niedrige Diffusionskoeffizient erschwert den dazu notwendigen Materialtransport. Der Avramikoeffizient von n=2.5 für das erste isotherme Kristallisationsereignis ist typisch für das diffusionskontrollierte Wachstum der Keime (siehe Abschnitt 4.1.4). Ein Avramikoeffizient von n=4 für das zweite Kristallisationsereignis liegt im Bereich üblicher Werte für die isotherme Kristallisation metallischer Gläser, in denen im Glaszustand noch keine kristallinen Keime vorhanden sind [68].

Bei höheren Aufheizraten oberhalb 50K/min vergröbert sich die Gefügestruktur und läßt eine Variation der entstehenden Längenskalen im Gefüge von 2nm im Glas bis 0.1mm im kristallinen Zustand (Kristallisation nahe unterhalb der eutektischen Temperatur), d.h über fast 5 Größenordnungen zu [127]. Die Änderung der Gefügemorphologie mit der Aufheizrate aus dem Glaszustand liegt im Bereich der Grenztemperatur für Hyperunterkühlung (engl.: „hypercooling limit") der Schmelze. Die Hyperunterkühlungsgrenze ist diejenige Kristallisationstemperatur, unterhalb der die Kristallisationswärme der Schmelze nicht mehr genügend groß ist, um die kristallisierende Probe bis zur eutektischen Temperatur wieder aufzuheizen (Rekaleszenz). Unterhalb der Grenze von etwa 755K erscheint das kristalline Gefüge nanokristallin feinkörnig, oberhalb der Grenze bei Aufheizraten größer als etwa 50K/min eher mikrokristallin. Die Mikrostruktur hat, wie in Abschnitt 4.1.9 gezeigt wurde, entscheidende Bedeutung für die mechanischen Eigenschaften (Elastizitätsmodul, Mikrohärte, Verschleißeigenschaften,...) des Materials.

5.3   „Starke" und „schwache" Gläser

Die untersuchten Legierungssysteme $Zr_{41}Ti_{13}Ni_{10}Cu_{13}Be_{23}$ und Au-Pb-Sb sind als gute metallische Glasbildner bekannt und zeigen, wie in den vorhergehenden Abschnitten dargestellt, Gemeinsamkeiten, aber auch markante Unterschiede. Die wesentlichen Größen, die eine Einordnung der beiden Glasbildner in das von C.A. Angell entworfene Schema starker und schwacher Gläser zulassen, sind die Meßgrößen der Wärmekapazität, die daraus abgeleitete Entropie und die Viskosität der unterkühlten Schmelzen [51]. In Abbildung 5.9 sind schematisch die Anzahl der angeregten Zustände, die zugehörigen Entropien und die Wärmekapazitäten starker und schwacher Gläser als Funktion der Temperatur gegenübergestellt.

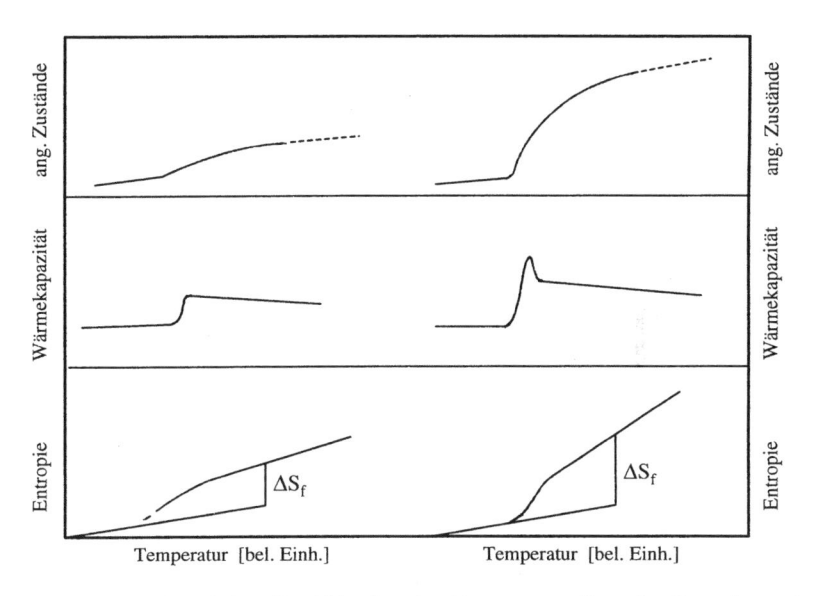

Abb. 5.9:   Schematischer Vergleich der Anzahl angeregter Zustände, Entropien und Wärmekapazitäten starker und schwacher Gläser als Funktion der Temperatur.

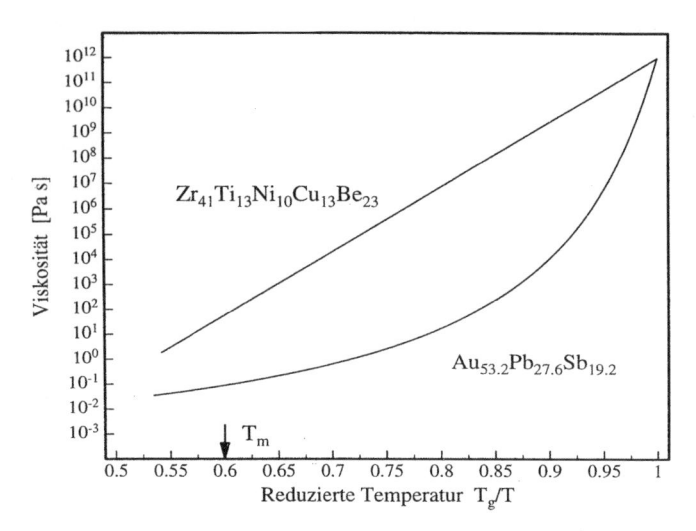

Abb. 5.10: Viskositäten des Massivglases $Zr_{41}Ti_{13}Ni_{10}Cu_{13}Be_{23}$ und des $Au_{53.2}Pb_{27.6}Sb_{19.2}$-Glases über einer reduzierten Temperaturskala (Angell-Plot).

Die $Zr_{41}Ti_{13}Ni_{10}Cu_{13}Be_{23}$-Massivglaslegierung erfüllt die Kriterien für die spezifische Wärme, die daraus abgeleitete Entropie und für die Viskosität, um in der Klassifizierung von Angell als starker Glasbildner zu gelten, während die $Au_{53.2}Pb_{27.6}Sb_{19.2}$-Legierung eher einen typischen Vertreter schwacher Gläser darstellt. In Abbildung 5.10 sind der lineare Viskositätsverlauf der $Zr_{41}Ti_{13}Ni_{10}Cu_{13}Be_{23}$-Legierung und der aufgrund von Vogel-Fulcher-Verhalten gekrümmte Viskositätsverlauf der $Au_{53.2}Pb_{27.6}Sb_{19.2}$-Legierung über einer reduzierten Temperaturskala nach Angell (siehe Abschnitt 2.2.4, Abbildung 2.5) gezeigt [51]. Als Skalierungsgröße für die Temperatur dient diejenige Temperatur, bei der die Viskosität der Schmelze den Wert von 10^{12} Pa·s erreicht. Diese wird als Glastemperatur T_g definiert. In der Nähe des Schmelzpunktes bei etwa $0.6 T_g/T$ liegt die Viskosität des starken Glases im Vergleich zum schwachen Glas etwa um zwei bis drei Größenordnungen höher.

Diese Differenz der Viskositäten starker und schwacher Gläser am Schmelzpunkt kann mit einem Erklärungsmodell auf der Basis der Glasbildungsfähigkeit von Schmelzen verstanden werden. Die Höhe der Viskosität am Schmelzpunkt ist eine Funktion der Anzahl der Legierungskomponenten, der Glasbildungsfähigkeit der Schmelzen und der Tiefe des

Eutektikums. Mit zunehmender Fähigkeit der Schmelze, ein Glas zu bilden (tiefes Eutektikum, Konfusionsprinzip) steigt auch die zugehörige Viskosität am Schmelzpunkt [85]. Verläßliche Daten liegen bisher nur für binäre und ternäre glasbildende Metallschmelzen vor. Anhand des Anstieges der Viskosität am Schmelzpunkt einatomarer Schmelzen, verglichen mit binären und ternären Schmelzen, kann eine Abschätzung für die komplexe fünfkomponentige eutektische Massivglasschmelze erfolgen. Beginnend bei reinen Metallen erhöht sich die Viskosität eutektischer Schmelzen mit jeder zusätzlichen Komponente um etwa eine Zehnerpotenz am Schmelzpunkt (1-atomar: $1 \cdot 10^{-3}$Pa·s,...., 5-atomar: $1 \cdot 10^{2}$Pa·s). Ein extrapolierter Viskositätswert von etwa $1 \cdot 10^{2}$Pa·s für die $Zr_{41}Ti_{13}Ni_{10}Cu_{13}Be_{23}$-Massivglasschmelze in Abschnitt 4.1.7 und Abbildung 4.21 erscheint daher realistisch.

Eine wichtige Fragestellung bei der Diskussion des unterschiedlichen Verhaltens starker und schwacher Gläser ist die Frage nach der Zahl der zugänglichen Zustände (Zustandsdichte) und den damit verbundenen typischen Relaxationszeiten im Glaszustand und in der unterkühlten Schmelze. Über die Gleichung $S=k_B \ln \Omega$ ist die Entropie S mit der Zahl der zugänglichen Zustände Ω verbunden, k_B ist die Boltzmann-Konstante. Über $T(\partial S/\partial T)=c_p$, d.h. die Änderung der zugänglichen Zustände mit der Temperatur, ergibt sich daraus die Wärmekapazität c_p. Aus der Heizratenabhängigkeit der Glastemperatur und der Temperaturabhängigkeit der Viskosität lassen sich, wie im folgenden gezeigt werden soll, Relaxationszeiten abschätzen und miteinander vergleichen.

Die Glastemperatur ist diejenige Grenztemperatur für eine bestimmte Aufheizrate, bei der sich ein Glas in einem Nicht-Gleichgewichtszustand (nicht ergodisches System) in eine unterkühlte Schmelze in einem Gleichgewichtszustand (ergodisches System) umwandelt. Der zugehörige Anstieg der Wärmekapazität ist die Folge der beim Aufheizen neu zugänglichen Freiheitsgrade in der Schmelze. Die Verschiebung der Glastemperatur mit der Änderung der Heizrate $R=\partial T/\partial t$ kann deshalb als Maß für die Änderung der Relaxationszeiten der Entropie oder Enthalpie mit der Temperatur aufgefaßt werden. Durch Integration der Heizratenabhängigkeit der Glastemperatur sollte daher eine Abschätzung der Temperaturabhängigkeit von Relaxationszeiten für eine charakteristische Verschiebung der Glastemperatur möglich sein. Die Integration der reziproken Heizrate erfolgte nach Gleichung 5.2 über ein Temperaturintervall von $\Delta T_g=1K$, um das sich die Glastemperatur durch interne Relaxationsprozesse verschieben soll.

$$\Gamma(T) = \int_{T_g}^{T_g+1K} \left(\frac{\partial T}{\partial t}\right)^{-1} dT \qquad 5.2$$

Die Fragestellung lautet somit, um welche Zeitspanne Γ man die Aufheizrate dT/dt eines Glases bei einer beliebigen Temperatur T verlängern muß, sodaß sich die zugehörige Glastemperatur T_g aufgrund von Relaxation um 1K nach unten verschiebt.

Aus der Heizratenabhängigkeit der Glastemperaturen $T_g = T_{g0} + A/\ln[B/(dT/dt)]$ können somit für das metallische Massivglas $Zr_{41}Ti_{13}Ni_{10}Cu_{13}Be_{23}$ und die Au-Pb-Sb-Gläser zugehörige Relaxationszeiten $\Gamma(T)^{-1} = \Gamma_0^{-1} \exp[-E/R(T-T_{g0})]$ für Entropie und Enthalpie berechnet werden. Γ_0^{-1} ist eine Materialkonstante, E der materialabhängige Aktivierungsenergieterm, R die Gaskonstante und T_{g0} die Grenztemperatur für divergierende Relaxationszeiten. Die Ergebnisse sind in Abbildung 5.11 für $Zr_{41}Ti_{13}Ni_{10}Cu_{13}Be_{23}$ und Abbildung 5.12 für Au-Pb-Sb gezeigt.

Die Heizratenabhängigkeit der Glastemperaturen nach Vogel-Fulcher wird über ein kleines Temperaturintervall von 1K integriert. Deshalb ist die Temperaturabhängigkeit der Relaxationszeiten wieder ein funktionaler Verlauf nach Vogel-Fulcher mit fast identischem Aktivierungsenergieterm von 8.44kJ/g-atom und einer Grenztemperatur von 546±15K.

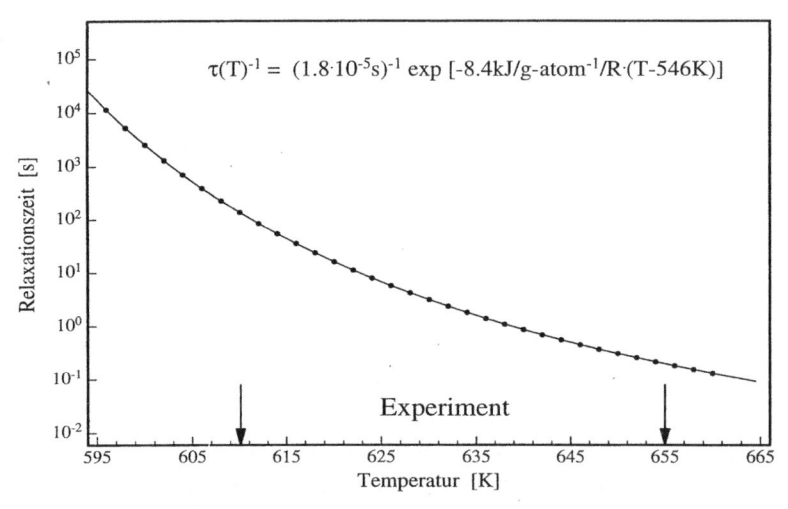

Abb. 5.11: Relaxationszeiten der Glastemperatur von $Zr_{41}Ti_{13}Ni_{10}Cu_{13}Be_{23}$ für eine Verschiebung um $\Delta T_g = 1K$ im experimentell zugänglichen Temperaturbereich.

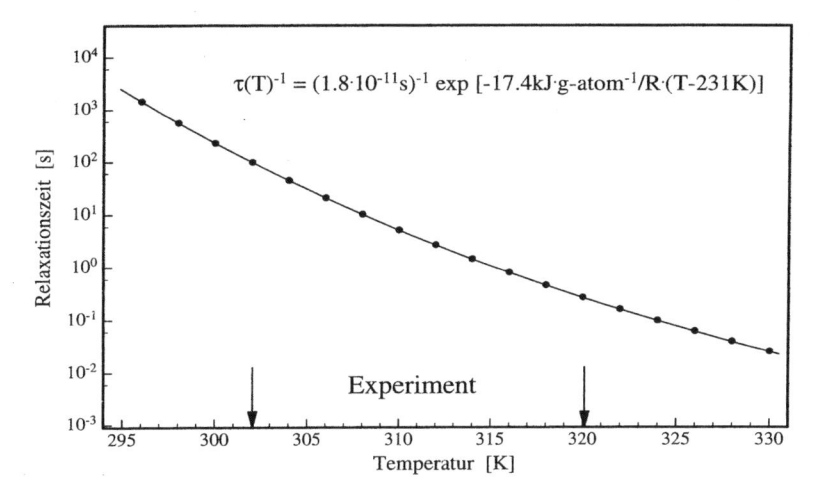

[Graph: Relaxationszeit [s] vs Temperatur [K], with equation $\tau(T)^{-1} = (1.8 \cdot 10^{-11} s)^{-1} \exp[-17.4 \text{kJ} \cdot \text{g-atom}^{-1}/R \cdot (T-231K)]$, labeled "Experiment"]

Abb. 5.12: Relaxationszeiten der Glastemperaturen von $Au_{53.2}Pb_{27.6}Sb_{19.2}$ für eine Verschiebung um $\Delta T_g = 1K$ im experimentell zugänglichen Temperaturbereich.

Das Ergebnis für das $Au_{53.2}Pb_{27.6}Sb_{19.2}$-Glas ist notwendigerweise ein funktionaler Verlauf nach Vogel-Fulcher mit dem Aktivierungsenergieterm von etwa 17.4kJ/g-atom und der zugehörigen Grenztemperatur von 231K. Die angegebene Grenztemperatur entspricht der minimalen Glastemperatur T_{g0} für verschwindende Heizrate. Die experimentell untersuchten und zugänglichen Bereiche der Glastemperaturen und Relaxationszeiten sind in den Abbildungen 5.11 und 5.12 eingezeichnet und bewegen sich zwischen 10^{-1}s und 10^2s. Typische Abklingkonstanten im Glaszustand (Maxwellzeiten) zum Abbau mechanischer Scherspannungen liegen mit ca. 10s in diesem Zeitintervall [161].

Das Vogel-Fulcher-Gesetz für die abgeschätzten Relaxationszeiten kann theoretisch über eine Landau-Formulierung der Freien Energiefunktion von Schmelzen begründet werden [162]. Die Beschreibung der Relaxationszeiten Γ durch ein Vogel-Fulcher-Gesetz ist äquivalent mit der Divergenz der Relaxationszeiten mit wachsender Unterkühlung der Schmelze und Annäherung an die Glastemperatur. Bei Temperaturerhöhung verringern sich die zugehörigen Zeiten. Mit der Divergenz der Relaxationszeiten nach Vogel-Fulcher ist auch die Divergenz der zugehörigen Aktivierungsenergien verbunden. Die Aktivierungsenergien E berechnen sich für nicht-lineares

Verhalten gemäß $E=\partial(\ln\Gamma)/\partial(RT)^{-1}$. D.h. mit zunehmender Annäherung an die Grenztemperatur oder Glastemperatur dauert es im Laborversuch immer länger, bis das System in den Gleichgewichtszustand relaxiert. Arrhenius-Verhalten bedeutet eine lineare Verschiebung der Glastemperaturen und der zugehörigen Relaxationszeiten Γ bei konstanter Aktivierungsenergie, d.h. $\ln\Gamma$ ist linear in der graphischen Auftragung über $1/T_g$. Der experimentell zugängliche Bereich der Glastemperaturen und der zugrundeliegenden Relaxationszeiten zwischen 10^{-1}s und 10^2s ist für beide untersuchten glasbildenden Legierungen sehr klein. Deshalb kann anhand der DSC-Messungen der Glastemperaturen nicht entschieden werden, ob ein lineares oder nichtlineares Verhalten, Arrhenius- oder Vogel-Fulcher-Verhalten vorliegt. Beide Interpretationen sind aber möglich.

Eine Extrapolation der Relaxationszeiten in den Temperaturbereich der eutektischen Schmelztemperatur muß auf ihre Konsistenz mit anderen bekannten Zeitkonstanten für atomare Transport- oder Sprungprozesse (z.B. Diffusion,...) überprüft werden. Zu diesem Zweck können typische Zeiten für Diffusionsprozesse und Fließprozesse in Schmelzen aus den Viskositätsdaten für $Zr_{41}Ti_{13}Ni_{10}Cu_{13}Be_{23}$ (siehe Abschnitt 4.1.7) und das $Au_{53.2}Pb_{27.6}Sb_{19.2}$-Glas (siehe Abschnitt 4.2.5) abgeschätzt werden. Man berechnet hierzu die mittleren Zeitkonstanten Γ, um eine typische Diffusionslänge des Atomdurchmessers a_0 in der Schmelze bei einer Diffusionskonstante D zurückzulegen. Diese Zeitkonstante wird mit der typischen Relaxationszeit gleichgesetzt. Für den Diffusionskoeffizienten gilt annähernd $D=a_0^2/(2\Gamma)$ [163]. Über die Stokes-Einstein-Gleichung 2.22 $\eta=k_BT/(3\pi a_0 D)$ kann der Diffusionskoeffizient D durch die Viskosität η ausgedrückt werden [84]. Für die viskosen Relaxationszeiten Γ gilt dann:

$$\Gamma(T) = \frac{3\pi a_0^3 \eta(T)}{2k_B T} \qquad 5.3$$

In Abbildung 5.13 sind die mit Gleichung 5.3 erhaltenen viskosen Relaxationszeiten (durchgezogene Linien) über einer reduzierten Temperaturskala aufgetragen. Als Glastemperatur T_g der reduzierten Temperaturskala wurde eine zugehörige Relaxationszeit von 10^3s gewählt [164].

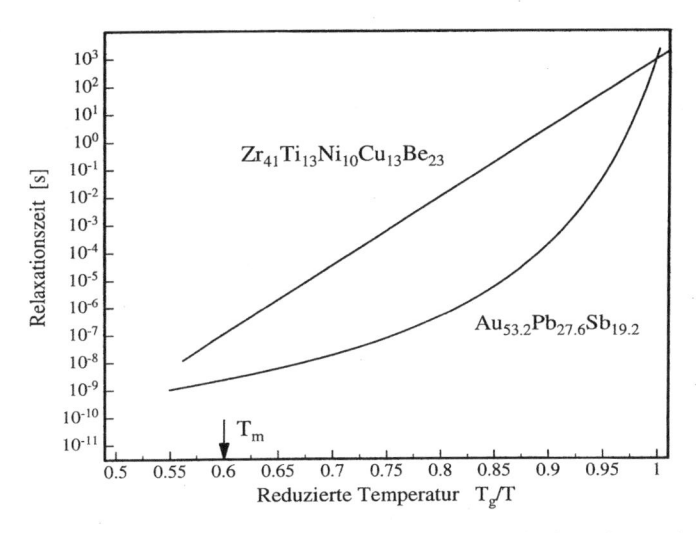

Abb. 5.13: Relaxationszeiten für die Viskosität von $Zr_{41}Ti_{13}Ni_{10}Cu_{13}Be_{23}$- und $Au_{3.2}Pb_{27.6}Sb_{19.2}$-Schmelzen auf einer reduzierten Temperaturskala (Angell-Plot).

Abbildung 5.13 zeigt, daß die viskosen Relaxationszeiten $\Gamma(T)$ (durchgezogene Linien) das Schema starker und schwacher Gläser wiederspiegeln. Das starke Massivglas $Zr_{41}Ti_{13}Ni_{10}Cu_{13}Be_{23}$ zeigt lineares Verhalten, während das schwache $Au_{53.2}Pb_{27.6}Sb_{19.2}$-Glas nicht-lineares Vogel-Fulcher-Verhalten zeigt. Am Schmelzpunkt bei etwa $0.6T_g/T$ hat das Massivglas mit ca. 10^{-6}s im Vergleich zu $Au_{53.2}Pb_{27.6}Sb_{19.2}$ mit 10^{-9}s viel längere Zeitkonstanten für viskose Fließvorgänge bzw. Diffusion. Die abgeschätzten Zahlenwerte können mit Meßdaten für Relaxationszeiten aus Brillouin-Streu-Experimenten longitudinaler und transversaler Anregungen des starken Glases B_2O_3 und des schwachen Glases $Ca_{0.4}K_{0.6}(NO_3)_{1.4}$ in der Nähe der Schmelzpunkte verglichen werden [164]. Die Absorptionslinienbreite von Brillouin-Streuung ist ein typisches Maß für den Abbau (viskoser) Scherspannungen in der Schmelze und damit für strukturelle Relaxation. Für B_2O_3 liegen die Zeiten im Bereich von 10^{-7}s, für $Ca_{0.4}K_{0.6}(NO_3)_{1.4}$ im Bereich von 10^{-11}s. Die Abschätzungen der Relaxationszeiten aus den Viskositätsdaten für das starke metallische Massivglas $Zr_{41}Ti_{13}Ni_{10}Cu_{13}Be_{23}$ und das schwache metallische $Au_{53.2}Pb_{27.6}Sb_{19.2}$-Glas liegen deshalb sehr gut im Rahmen der experimentell ermittelten Relaxationszeiten für die glasbildenden nicht metallischen Schmelzen.

Die extrapolierten Verläufe der Relaxationszeiten für die Glastemperaturen (Gleichung 5.2), d.h. für die Enthalpie und Entropie, bis in den Bereich der Schmelztemperaturen stimmen nicht mit dem Schema viskoser Relaxationszeiten starker und schwacher Gläser in Abbildung 5.13 überein. Dies legt die Vermutung nahe, daß strukturelle, viskose Relaxationsprozesse und enthalpische/entropische Relaxationsprozesse auf unterschiedlichen Zeitskalen ablaufen. Die zugrundeliegenden Mechanismen können daher (teilweise) als voneinander unabhängig, d.h. entkoppelt betrachtet, werden. Darüberhinaus kennt man in glasbildenden Schmelzen unterschiedliche Relaxationsprozesse (z.B. α-Relaxation, β-Relaxation), die unterschiedliche Temperatur- und Zeitabhängigkeiten aufweisen [161, 164, 165].

Messungen enthalpischer/entropischer Relaxationsprozesse liegt zudem die Schwierigkeit zugrunde, mit Messungen von Wärmetönungen verbunden zu sein. Lange Relaxationszeiten bedeuten lange Meßzeiten, auf die sich die mit der Relaxation verbundene Wärmetönung verteilt. Das thermische Rauschen der Meßapparatur setzt dieser Meßtechnik daher eine natürliche obere Grenze für auswertbare Meßsignale und Meßzeiten.

Zusammenfassend zeigen die Viskosität und die zugehörigen Relaxationszeiten des starken Massivglases $Zr_{41}Ti_{13}Ni_{10}Cu_{13}Be_{23}$ einen Arrhenius-artigen Temperaturverlauf (Abbildungen 5.10 und 5.13). Diese Temperaturabhängigkeit kann als die Folge einer langsamen Abnahme der Zahl der angeregten Zustände und der zugehörigen Entropie ($S=k_B\ln\Omega$, Ω=Zahl der zugänglichen Zustände, k_B=Boltzmann-Konstante) der Schmelze mit steigender Unterkühlung verstanden werden (Abbildung 5.9). Der ebenfalls flache Verlauf der Wärmekapazität (Abbildung 5.9) als Maß für die Zahl der energetisch zugänglichen Freiheitsgrade (Zustände) ist ebenfalls damit verknüpft. Die Zahl der zusätzlichen Zustände in der Schmelze (Konfigurationsentropie) ist aufgrund der kleinen Schmelzentropie (siehe Abschnitt 4.1.1) vergleichsweise gering.

Im Gegensatz dazu, kann die Au-Pb-Sb-Legierung den schwachen Glasbildnern zugeordnet werden. Das Vogel-Fulcher-Verhalten der Viskosität und der viskosen Relaxationszeiten (Abbildungen 5.10 und 5.13) liegt in einer hohen Anzahl angeregter Zustände (Abbildung 5.9) und einer hohen Überschußentropie (siehe Abschnitt 4.2.1) der unterkühlten Schmelze gegenüber dem Kristall begründet. Der Abfall der Zahl der angeregten Zustände und der Entropie (Abbildung 5.9) in der Nähe der Glastemperatur ist relativ steil und führt zu einem ausgeprägten Maximum der Wärmekapazität.

In der (quanten) statistischen Formulierung der Thermodynamik bestimmt die Zahl, der Abstand und die Tiefe von Energiezuständen in der Energiehyperfläche der unterkühlten Schmelzen das jeweilige kinetische Verhalten und die thermodynamischen Eigenschaften. Im Fall von $Zr_{41}Ti_{13}Ni_{10}Cu_{13}Be_{23}$ ist die Zahl der Zustände geringer als bei Au-Pb-Sb (kleinere Schmelzentropie). Eventuell ist auch die Breite der Abstände und die Barrierenhöhe (Aktivierungsenergie) zwischen den einzelnen Zuständen größer. Bei Relaxationsvorgängen hängt die Relaxationsrate davon ab, in welcher Zahl (Zustandsdichte) und welchem Breitenabstand (Übergangswahrscheinlichkeit) energetisch erreichbare Zustände vorliegen. Dies alles führt dazu, daß Relaxationsprozesse bei $Zr_{41}Ti_{13}Ni_{10}Cu_{13}Be_{23}$ im Vergleich zu Au-Pb-Sb allgemein langsamer ablaufen und damit längere Zeitkonstanten haben. Dieser Schluß ist aber nicht für alle denkbaren Reaktionen in der unterkühlten Schmelze zwingend. Es besteht immer die Möglichkeit, daß Zeitkonstanten für verschiedene Prozesse entkoppeln und somit unterschiedlichen zeitlichen Gesetzmäßigkeiten gehorchen, wie in der Abschätzung viskoser und enthalpischer/entropischer Relaxationszeiten gezeigt wurde.

Zum Abschluß dieses Kapitels seien noch einige grundsätzliche Anmerkungen zu den behandelten Modellvorstellungen und zur Thermodynamik des Phasenüberganges vom Glas in die unterkühlte Schmelze anhand von Meßdaten von $Zr_{41}Ti_{13}Ni_{10}Cu_{13}Be_{23}$ erlaubt.
Aus den in Abschnitt 4.1.9 vorgestellten mechanischen Eigenschaften des metallischen Glases lassen sich für das metallische Massivglas $Zr_{41}Ti_{13}Ni_{10}Cu_{13}Be_{23}$ mit Hilfe der Daten zur Wärmekapazität (Abbildung 4.14) und des thermischen Volumenausdehnungskoeffizienten α_T (Abbildung 4.22) das im zweiten Kapitel definierte Prigogine-Defay-Verhältnis $R=(\Delta\kappa_T\Delta c_p)/(TV\Delta\alpha_T^2)$ sowie die Ehrenfest-Gleichungen $dT_g/dp=TV\Delta\alpha_T/\Delta c_p$ und $dT_g/dp=\Delta\kappa_T/\Delta\alpha_T$ quantitativ auswerten. Die Volumenausdehnungskoeffizienten α_T metallischer Schmelzen sind über eine empirische Beziehung mit Schmelztemperatur T_m ($\alpha_T T_m=0.09$) verknüpft [166]. Diese Beziehung liefert einen Zahlenwert von $9.6 \cdot 10^{-5} K^{-1}$ bei einer Schmelztemperatur von 937K und wird durch jüngste Messungen an metallischen $Zr_{41}Ti_{13}Ni_{10}Cu_{13}Be_{23}$-Schmelzen mit einem Volumenausdehnungskoeffizienten von ca. $1 \cdot 10^{-4} K^{-1}$ bestätigt [118]. Die isotherme Kompressibilität κ_T konnte über den Elastizitätsmodul E (Abbildung 4.24) und Ausnutzung der Gleichung 2.4 $\kappa_T=3(1-2\nu)/E$ mit der Poissonzahl $\nu=0.387$ berechnet werden. Der erhaltene Zahlenwert für die aus DMA-Messungen abgeleitete Kompressibilität wurde mit einer Abschätzung von Daten im schmelzflüssigen Zustand der Legierung verglichen und zeigte eine qualitative Übereinstimmung [158]. Aus Tabelle 5.2 sind

die aus den Meßdaten für eine Aufheizrate von 4K/min abgeschätzten Zahlenwerte für die jeweiligen Änderungen der Meßgrößen am Glasübergang, d.h. die Differenz zwischen Glaszustand und Schmelze, zu entnehmen.

Tabelle 5.2: Datensatz zur Berechnung der Ehrenfestschen Gleichungen.

Wärmekapazität Δc_p [J/g-atom]	Volumenausdehnungskoeffizient $\Delta \alpha_T$ [1/K]	isotherme Kompressibilität $\Delta \kappa_T$ [1/Pa]
22±2	$(7.0 \pm 1.0) \cdot 10^{-5}$	$(3.7 \pm 1.5) \cdot 10^{-12}$

Damit können die Gleichungen wie folgt ausgewertet werden (1kbar=10^8Pa):

1. Ehrenfestsche Gleichung: dT_g/dp=1.9K/kbar
2. Ehrenfestsche Gleichung: dT_g/dp=5.3K/kbar
Prigogine-Defay-Verhältnis: R=2.7

Die Bewertung der erhaltenen Zahlenwerte für $Zr_{41}Ti_{13}Ni_{10}Cu_{13}Be_{23}$ ist einfach. Es ist aus der Literatur bekannt, daß die 1. Ehrenfestsche Gleichung am Glasübergang, abgeleitet für einen kontinuierlichen Entropieverlauf, gültig ist, die 2. Ehrenfestsche Gleichung, abgeleitet für einen kontinuierlichen Volumenverlauf, dagegen verletzt wird [1, 10]. Aus dem Verlauf der Daten für Entropie und Volumen der Schmelze kann die Frage, ob eine echte Unstetigkeit einer der beiden Größen vorliegt, nicht geklärt werden. Mit einem Wert von 2.7 liegt das daraus abgeleitete Prigogine-Defay-Verhältnis ebenfalls im Rahmen beobachteter Daten nicht-metallischer Gläser im Bereich zwischen 2 und 5 [10, 33]. Dies ist ein klarer Hinweis auf den Nicht-Gleichgewichts-Charakter des Glasüberganges und das Fehlen eines einzigen klar definierbaren Ordnungsparameters. Das Vogel-Fulcher-Konzept für die Glastemperatur und die zugehörigen Relaxationszeiten in dieser Arbeit ist deshalb ein sinnvoller Ansatz, weil es eine Divergenz der zugehörigen Aktivierungsenergien beinhaltet. Diese Divergenz ist letztlich der Grund für den Übergang von einem Gleichgewichtszustand in einen Nicht-Gleichgewichtszustand, weil es dem System nicht mehr gelingt, alle möglichen Zustände in einem „statistisch vertretbaren zeitlichen Rahmen" zu besetzen (Nicht-Ergodizität). Die Schmelze „friert" folglich ein.

Das von Tallon vorgeschlagene Konzept der Volumeninstabilität, basierend auf der kommunalen Entropie, scheint für das untersuchte mehrkomponentige $Zr_{41}Ti_{13}Ni_{10}Cu_{13}Be_{23}$-Massivglas nicht anwendbar zu sein. Die in Abschnitt 4.1.8 abgeschätzte isochore Temperatur $T_{\Delta V=0}$ liegt im Gegensatz zur Vorhersage unterhalb der in Abschnitt 4.1.6 berechneten isentropen Temperatur $T_{\Delta S=0}$. Die kommunale Entropie zRln2 legt den Instabilitätspunkt der Schmelze gegen Glasbildung quantitativ dadurch fest, daß man sie von der Gesamtentropie der Schmelze subtrahiert (S^l-zRln2=S^x) und anschließend den Schnittpunkt mit der Entropie des zugehörigen Kristalles sucht. Für mehrkomponentige Systeme wie beispielsweise $Au_{53.2}Pb_{27.6}Sb_{19.2}$ mit einer Schmelzentropie von ΔS_f=14.9J/g-atom würden sich bei der Subtraktion von 3Rln2=17.3J/g-atom negative Entropien (S^l-zRln2<0) ergeben. Hinzu kommt, daß die theoretische Ableitung der Beziehung unter anderem auf Simulationsrechnungen einatomarer Systeme mit sphärischen Atomen beruht [57]. Das hier untersuchte System setzt sich aber aus einem Gemisch sehr unterschiedlicher Atomradien zusammen und hat folglich eine dichtere Packung in der Schmelze. Zudem gibt es Hinweise, daß der Anteil der kommunalen Entropie einer einatomaren Schmelze sehr viel kleinere Werte als Rln2 annehmen kann [143].

Die in Abschnitt 2.2.2 beschriebenen und auf dem Konzept des freien Volumens basierenden einfachen Modellvorstellungen lieferten für das gemessene thermische Ausdehnungsverhalten und die Daten der spezifischen Wärmekapazität für das Massivglas keine befriedigende Beschreibung. Versuche, an die thermischen Ausdehnungskoeffizienten einen geeigneten Parametersatz (n, das Volumenverhältnis zwischen Löchern/Atomen und e_h, die Lochbildungsenergie) für den Ausdruck des Freien-Volumen-Modells nach Gleichung 2.7 (siehe Abschnitt 2.2.2) anzupassen, waren immer erfolgreich. Das Problem bestand jedoch darin, daß die verschiedenen aus den Parametern berechneten Temperaturabhängigkeiten für die Differenzen der Wärmekapazitäten zwischen Schmelze und Kristall nach Gleichung 2.6 ohne Ausnahme falsch waren. Die Temperaturabhängigkeit und die Zahlenwerte der berechneten Größen stimmten mit den Meßdaten für die Wärmekapazitätsdifferenzen nie überein. Das hier erhaltene Ergebnis, daß das Löchermodell keine geeignete Beschreibung für den Temperaturverlauf von spezifischer Wärmekapazität und thermischem Ausdehnungsverhalten zugleich sein kann, bestätigt eine Kritik von M. Hillert [142]. Hillert verglich angegebene Parameter des Löchermodells auf ihre Aussagekraft in Bezug auf experimentelle Wärmekapazitätsdaten im Fall von $Pd_{0.48}Ni_{0.32}P_{20}$ [39] und fand keinerlei Übereinstimmung. Eine mögliche Erklärung für die mangelnde Übereinstimmung zwischen dem Löchermodell und den Meßdaten liegt in den freien Modellparametern der Lochbildungsenergie und dem Volumenverhältnis zwischen Atom und Loch. Die Annahme, daß diese beiden Parameter zur Beschreibung unterkühlter Schmelzen ausreichen und temperaturunabhängig sind (d.h konstante Werte annehmen) ist wahrscheinlich nicht richtig. Aussagen bezüglich der Anwendbarkeit der in Abschnitt 2.2.2 beschriebenen Theorie von Cohen und Grest auf die Wärmekapazität und den thermischen Ausdehnungskoeffizienten der Massivgläser sind im Rahmen der Ergebnisse dieser Arbeit nicht möglich.

Eine Diskussion der Ergebnisse der Modenkopplungstheorien bezüglich des Viskositätsverhaltens unterkühlter Schmelzen läßt den Schluß zu, daß der Glasübergang nicht nur ein kinetischer Übergang von der Schmelze in das Glas ist. Er ist gleichzeitig mit den thermodynamischen Eigenschaften der Schmelze eng verknüpft [51]. Das Zusammenfallen der Glastemperaturen T_{g0} für unendlich langsame Aufheizraten und der Kauzmann-Temperaturen $T_{\Delta S=0}$ für beide in dieser Arbeit untersuchten Legierungen (innerhalb der Fehlergrenzen) unterstützt diese These. In der jüngeren Literatur weisen Meßdaten für $Ni_{40}Pd_{40}P_{20}$ und B_2O_3 ebenfalls auf diese Gemeinsamkeit hin [147, 157]. In der theoretischen Beschreibung des Glasüberganges wird oft ein einziger Ordnungsparameter bei Computersimulationen als ausreichend angenommen, während Laborexperimente und das Prigogine-Defay-Verhältnis darauf hindeuten, daß mindestens zwei Ordnungsparameter beteiligt sind [1].

6. Zusammenfassung und Ausblick

Im Rahmen dieser Arbeit wurden zwei sehr gute metallische Glasbildner, das ternäre System Au-Pb-Sb und das quasi ternäre System des Massivglases $Zr_{41}Ti_{13}Ni_{10}Cu_{13}Be_{23}$ mit einem bisher unerreicht breiten Stabilitätsbereich von bis zu 150K in der unterkühlten Schmelze untersucht. Im Vordergrund stand die Charakterisierung der thermodynamischen und thermomechanischen Materialeigenschaften der Zustände im Glas und in der unterkühlten Schmelze im Vergleich zum kristallinen Zustand.

Dazu wurden eine Reihe verschiedener Meßverfahren angewandt. Thermische Analyseverfahren dienten zur Messung spezifischer Wärmekapazitätsdaten und Charakterisierung der Kristallisation der metallischen Gläser. Thermomechanische Meßmethoden erlaubten die Bestimmung von Volumenausdehnungskoeffizienten, Kriechviskositäten und Elastizitätsmoduln von Kristall und Glas. Strukturanalytische Methoden, Röntgenstreuung und Elektronenmikroskopie ermöglichten die Untersuchung und Analyse der bei der Kristallisation entstehenden Gefüge. Durch die Kombination der verschiedenen Methoden konnte für beide Probensysteme eine umfassende Beschreibung erreicht werden. Bei $Zr_{41}Ti_{13}Ni_{10}Cu_{13}Be_{23}$ gelang in Kooperation mit dem Hahn-Meitner-Institut der Nachweis einer Entmischungsreaktion oberhalb der Glastemperatur in der unterkühlten Schmelze.

Die Meßergebnisse der Wärmekapazitäten, die daraus abgeleiteten thermodynamischen Potentiale, die Meßergebnisse der Viskosität und die daraus abgeschätzten Relaxationszeiten für $Zr_{41}Ti_{13}Ni_{10}Cu_{13}Be_{23}$ und Au-Pb-Sb legen es nahe, in diesen beiden metallischen Glasbildnern jeweils einen typischen Vertreter zweier verschiedener Klassen von Gläsern zu sehen. Während nach der Klassifizierung von C.A. Angell Au-Pb-Sb ein typisch „fragiles" Glas ist, handelt es sich beim Massivglas $Zr_{41}Ti_{13}Ni_{10}Cu_{13}Be_{23}$ um einen „starken" Glasbildner. Au-Pb-Sb als „fragiles" Glas zeigt ein scharfes Maximum der Wärmekapazität am Glasübergang, hat einen hohen Entropieüberschuß im Vergleich zum Kristall, und die Viskosität gehorcht nicht einem Arrhenius-Gesetz. Das $Zr_{41}Ti_{13}Ni_{10}Cu_{13}Be_{23}$-Glas verhält sich demgegenüber gegensätzlich, ohne ausgeprägtes Maximum, mit relativ kleinem Entropieüberschuß und einem Viskositätsverhalten nach Arrhenius.

Aus den berechneten Zeit-Temperatur-Umwandlungs-Kurven zum Kristallisationsverhalten metallischer Massivgläser im Vergleich zu reinen Metallen wird der entscheidende Einfluß der Differenz der Wärmekapazitäten von Kristall und Schmelze und der Viskosität der Schmelzen für Keimbildung und Keimwachstum deutlich. Die ZTU-Diagramme in Zusammenhang mit den Gibbsschen Freien Enthalpiekurven und der Viskosität zeigen ferner, daß nanostrukturierte Gefüge mit Kristallitgrößen im Bereich kleiner als 100nm in metallischen Werkstoffen durch eine Kombination hoher Keimbildungsraten mit zugleich kleinen Wachstumsgeschwindigkeiten der Kristallite entstehen. Sehr langsames Wachstum aller homogen in der unterkühlten Schmelze verteilten kristallinen Keime verhindert das Entstehen grobkristalliner Strukturen.

Das Kristallisationsverhalten von $Zr_{41}Ti_{13}Ni_{10}Cu_{13}Be_{23}$ nahe der eutektischen Temperatur und oberhalb der Glastemperatur ist im Vergleich zu Au-Pb-Sb sehr komplex. Die Kristallisation erfolgt bei $Zr_{41}Ti_{13}Ni_{10}Cu_{13}Be_{23}$ nach einer Entmischungsreaktion in der Schmelze stufenweise über die Bildung metastabiler kristalliner Phasen. Die Analyse isothermer und isochroner Kristallisationsmessungen legt die Vermutung nahe, daß es sich bei den Kristallisationsereignissen jeweils um diffusionskontrollierte Prozesse handelt. Die bei der Auswertung der Kristallisationsmessungen berechneten Aktivierungsenergien liegen im Bereich der Energien, die auch bei anderen metallischen Gläsern beobachtet wurden. Die Mikrostruktur der entstehenden Gefüge kann über die Aufheizrate aus dem Glaszustand bzw. die Abkühlgeschwindigkeit der Schmelze von der eutektischen Temperatur über eine Längenskala von fast 5 Größenordnungen, d.h. von 2nm im Glaszustand bis 0.1mm im kristallinen Zustand, verändert werden.

Die Auswertung der Ehrenfestschen Gleichungen und des Prigogine-Defay-Quotienten für den Glasübergang konnte erstmalig an dem metallischen Glasbildner $Zr_{41}Ti_{13}Ni_{10}Cu_{13}Be_{23}$ durchgeführt werden. Der Zahlenwert des abgeschätzten Prigogine-Defay-Quotienten weist darauf hin, daß wie im Fall nichtmetallischer Gläser der Phasenübergang vom Glas in die unterkühlte Schmelze und umgekehrt nicht durch einen einzigen Ordnungsparameter beschrieben werden kann.

Die Ergebnisse der thermomechanischen und mechanischen Untersuchungen als Funktion des Gefügezustandes von $Zr_{41}Ti_{13}Ni_{10}Cu_{13}Be_{23}$ zeigen eine eindeutige Korrelation zwischen dem Anstieg von Elastizitätsmodul und Härte mit dem Grad der Kristallinität. Der Elastizitätsmodul eines metallischen Glases konnte erstmalig kontinuierlich von Raumtemperatur bis über die Glastemperatur in der unterkühlten Schmelze in situ gemessen werden. Der für metallische Werkstoffe sehr hohe Wert der Festigkeitskennzahl σ_y/E von etwa 0.02 weist das metallische Massivglas als einen hochfesten (versetzungsfreien) Werkstoff aus. Während der Elastizitätsmodul E mit etwa 88GPa einen für metallische Werkstoffe charakteristischen Wert zeigt, ist die hohe Festigkeit hauptsächlich auf die technologisch wichtige, außerordentlich hohe Zugfestigkeit σ_y des Massivglases von etwa 1.9GPa zurückzuführen. Die duktilen Eigenschaften sind im Gegensatz zu den meist spröden keramischen Werkstoffen ähnlich hoher Festigkeiten für technologische Anwendungen besonders günstig.

Aus Messungen des Volumenausdehnungskoeffizienten im Glaszustand und in der unterkühlten Schmelze, sowie der Volumenschrumpfung bei der Kristallisation war es möglich, erstmalig ein Stabilitätskriterium für Gläser basierend auf dem Volumen unterkühlter Schmelzen an einem realen System $Zr_{41}Ti_{13}Ni_{10}Cu_{13}Be_{23}$ abzuschätzen.

Insgesamt hat sich die rein metallische $Zr_{41}Ti_{13}Ni_{10}Cu_{13}Be_{23}$-Massivglaslegierung als ein hervorragendes Modellsystem für eine neue Werkstoffklasse erwiesen. Die außerordentlich hohe Stabilität in der unterkühlten Schmelze erschließt eine Vielzahl zukünftiger neuer Experimente. Diese Experimente haben sowohl Grundlagen- als auch Anwendungscharakter. Das Feld der Untersuchungen umfaßt bisher kaum mögliche, zeitaufwendige Messungen am Glasübergang und in einem breiten Temperaturbereich der unterkühlten Schmelze (Neutronenstreuung zum Studium von z.B. Nahordnungsphänomenen und Relaxationsverhalten, Diffusion, Viskosität, Oberflächenspannung, Keimbildung, Keimwachstum,...). Vor allem Laborexperimente zur Entwicklung zukünftiger Einsatzmöglichkeiten als Funktionswerkstoff spielen im ingenieurwissenschaftlichen Bereich eine wichtige Rolle. Beständige Verschleißschichten, chemische Korrosionsschichten, Mikrosystembauteile und Lötfolien seien stellvertretend an dieser Stelle genannt. Hinzu kommt, daß metallische Gläser in bisher unerreicht großen Mengen (kg-Bereich, vorher 100mg-Bereich) herstellbar sind. Darüberhinaus können durch kontrollierte Kristallisationsprozesse nanostrukturierte Gefüge mit optimierten Werkstoffeigenschaften bezüglich Festigkeit und Duktilität erzeugt werden.

Literaturverzeichnis

[1] S.R. Elliott, Physics of Amorphous Materials, Longman, New York (1983)
[2] D. Turnbull, Contemp. Phys. **10** (1969) 473
[3] P. Duwez, Trans. ASM **60** (1967) 607
[4] T. Masumoto, Sci. Rep. RITU **A39** (1994) 91
[5] A. Peker und W.L. Johnson, Appl. Phys. Lett. **63** (1993) 2342
[6] M.C. Lee, J.M. Kendall und W.L. Johnson, Appl. Phys. Lett. **40** (1982) 382
[7] P.J. Desré, Phil. Mag. Lett. **69** (1994) 261
[8] P.J. Desré, in: Mat. Sci. Forum (1995), im Druck
[9] Y. Waseda, The Structure of Non-Crystalline Materials, McGraw-Hill, New York (1980)
[10] J. Jäckle, Rep. Prog. Phys. **49** (1986) 171
[11] R.W. Cahn, in: Physical Metallurgy, Hrsg. R.W. Cahn und P. Haasen, Elsevier Science Publishers, Amsterdam (1983) 1779
[12] H.A. Davies, Physics Chem. Glasses **17** (1976) 159
[13] D.R. Uhlmann, J. Non-Cryst. Solids **25** (1977) 43
[14] T.B. Massalski, in: Rapidly Quenched Metals, Hrsg. S. Steeb und H. Warlimont, Elsevier Science Publishers (1985) 171
[15] R.W. Cahn, in: Glasses und Amorphous Materials, Vol. 9, Hrsg. J. Zarzycki, VCH, Weinheim (1991) 495
[16] G.J. Van der Kolk, A.R. Miedema und A.K. Niessen, J. Less-Common Metals **145** (1988) 1
[17] R. Hasegewa und K. Tanaka, in: Rapidly Solidified Alloys and Their Mechanical and Magnetic Properties, Hrsg. B.C. Giessen, D.E. Polk und A.I. Taub, MRS, Pittsburgh (1986) 53
[18] A.L. Greer, Nature **366** (1993) 303
[19] A. Inoue, T. Zhang und T. Masumoto, J. Non-Cryst. Solids **156-158** (1993) 473
[20] T.B. Massalski, in: Proc. 4th Int. Conf. on Rapidly Quenched Metals, Sendai (1981) 203
[21] M.H. Cohen und G.S. Grest, Phys. Rev. **B 20** (1979) 1077
[22] N.H. March, R.A. Street und M. Tosi, Amorphous Solids and the Liquid State, Plenum Press, New York (1985)

[23] H. Vogel, Phys. Z. **22** (1921) 645
[24] G.S. Fulcher, J. Am. Ceram. Soc. **8** (1925) 339
[25] L.D. Landau und E.M. Lifschitz, Statistische Physik, Vol. 1, Akademie-Verlag, Berlin (1987)
[26] W. Greiner, L. Neise und H. Stöcker, Thermodynamik und Statistische Mechanik, Verlag Harri Deutsch, Thun (1987)
[27] W. Brenig, Statistische Theorie der Wärme, Springer, Berlin (1983)
[28] A.B. Pippard, Elements of Classical Thermodynamics, Cambridge University Press, Cambridge (1981)
[29] G. Adam und J.H. Gibbs, J. Chem. Phys. **43** (1965) 139
[30] J.H. Gibbs und E.A. DiMarzio, J. Chem. Phys. **28** (1958) 373
[31] L.V. Woodcock, J. Chem. Soc. Faraday II **72** (1976) 1667
[32] N.O. Birge und S.R. Nagel, Phys. Rev. Lett. **54** (1985) 2674
[33] P.K. Gupta und C.T. Moynihan, J. Chem. Phys. **65** (1976) 4136
[34] N.E. Dowling, Mechanical Behaviour of Materials, Prentice-Hall (1993)
[35] S. Glasstone, K.J. Laidler und H. Eyring, Theory of Rate Processes, Mc-Graw Hill, New York (1941)
[36] N. Hirai und H. Eyring, J. Appl. Phys. **29** (1958) 810
[37] N. Hirai und H. Eyring, J. Polymer Sci. **38** (1959) 51
[38] M.H. Cohen und D. Turnbull, J. Chem. Phys. **31** (1959) 1164
[39] P. Ramachandrarao, B. Cantor und R.W. Cahn, J. Mat. Science **12** (1977) 2488
[40] K.S. Dubey und P. Ramachandrarao, Acta. Met. **32** (1984) 91
[41] P.J. Flory, Principles of Polymer Chemistry, Cornell U.P., Ithaca (1953)
[42] I.C. Sanchez, J. Appl. Phys. **45** (1974) 4204
[43] A.K. Doolittle, J. Appl. Phys. **22** (1951) 471
[44] P. Ramachandrarao und K.S. Dubey, im Druck
[45] J.P. Sethna, J.D. Shore und M. Huang, Phys. Rev. **B. 44** (1991) 4943
[46] R.J. Greet und D. Turnbull, J. Chem. Phys. **47** (1967) 2185
[47] M.L. Williams, J. Chem. Phys. **59** (1955) 95
[48] M.L. Williams, R.F. Landel und J.D. Ferry, J. Am. Chem. Soc. **77** (1955) 3701
[49] E. Leutheusser, Phys. Rev. **A 29** (1984) 2765
[50] D. Frenkel, Physics World **6** (1993) 24

[51] C.A. Angell, J. Phys. Chem. Solids **49** (1988) 863

[52] H.J. Fecht und W.L. Johnson, J. Non-Cryst. Solids **117/118** (1990) 704

[53] H.J. Fecht und W.L. Johnson, Nature **334** (1988) 50

[54] D.M. Herlach, R.F. Cochrane, I. Egry, H.J. Fecht und A.L. Greer, Int. Mat. Rev. **38** (1993) 273

[55] W. Kauzmann, Chem. Rev. **43** (1948) 219

[56] J.L. Tallon, Nature **342** (1989) 658

[57] J.L. Tallon und W.H. Robinson, Phys. Lett. **87A** (1982) 365

[58] K.F. Kelton, in: Solid State Physics, Vol. 45, Hrsg. H. Ehrenreich und D. Turnbull, Academic Press (1991) 75

[59] W.J. Boettinger und J.H. Perepezko, in: Rapidly Solidified Crystalline Alloys, Hrsg. S.K. Das, B.H. Kear und C.M. Adam, The Metallurgical Society, Warrendale (1985) 21

[60] J.H. Perepezko, B.A. Mueller und K. Ohsaka, in: Undercooled Alloy Phases, Hrsg. E.W. Collings und C.C. Koch, The Metallurgical Society, Warrendale (1987) 289

[61] L. Battezzati, Mat. Sci. Eng. **A178** (1994) 43

[62] D.A. Porter und K.E. Easterling, Phase Transformations in Metals und Alloys, Chapman & Hall (1992)

[63] A.L. Greer, in: Rapidly Quenched Metals, Hrsg. S. Steeb und H. Warlimont, Elsevier Science Publishers (1985) 215

[64] A.L. Greer, Mat. Sci. Eng. **A179/180** (1994) 41

[65] L. Battezzati und M. Baricco, Phil. Mag. **B 68** (1993) 813

[66] C.V.Thompson, A.L. Greer und F. Spaepen, Acta metall. **31** (1983) 1883

[67] W.-N. Myung, L. Battezzati, M. Baricco, K. Aoki, A. Inoue und T. Masumoto, Mat. Sci. Eng. **A179/A180** (1994) 371

[68] E.D. Zanotto, Braz. J. Phys. **22** (1992) 77

[69] B.S. Berry, in: Metallic Glasses, ASM, Metals Park (1978) 161

[70] H.A. Davies, J. Non-Cryst. Solids **17** (1975) 266

[71] D.R. Uhlmann, J. Non-Cryst. Solids **7** (1972) 337

[72] M.E. Brown, Introduction to Thermal Analysis, Chapman und Hall, London (1988)

[73] J.W. Graydon, S.J. Thorpe und D.W. Kirk, Acta metall. mater. **42** (1994) 3163

[74] A.J. Drehman und A.L. Greer, Acta metall. **32** (1984) 323

[75] D.W. Henderson, J. Non-Cryst. Solids **30** (1979) 301

[76] L. Battezzati, C. Antonione, G. Riontino, F. Marino und H.R. Sinning, Acta metall. mater. **39** (1991) 2107
[77] D. Turnbull, J. Appl. Phys. **21** (1950) 1022
[78] D. Turnbull, J. Chem. Phys. **20** (1952) 411
[79] D. Turnbull und J.C. Fisher, J. Chem. Phys. **17** (1949) 71
[80] D. Turnbull, J. Chem. Phys. **20** (1952) 411
[81] U. Köster und U. Herold, in: Glassy Metals I, Hrsg. H.-J. Güntherodt und H. Beck, Springer, Berlin (1981)
[82] U. Köster, Mat. Sci. Eng. **97** (1988) 233
[83] U. Köster und B. Punge-Witteler, Mat. Res. Soc. Symp. Proc. **80** (1987) 355
[84] T. Iida, R.I.L. Guthrie, The Physical Properties of Liquid Metals, Clarendon Press, Oxford (1988)
[85] L. Battezzati und A.L. Greer, Acta metall. **37** (1989) 1791
[86] T.E. Faber, Introduction to the Theory of Liquid Metals, Cambridge University Press, Cambridge (1972)
[87] A.R. Miedema und F.J.A. den Broeder, Z. Metallkde. **70** (1979) 14
[88] F. Spaepen, Acta metall. **23** (1975) 729
[89] F. Spaepen, in: Solid State Physics, Vol. 47, Hrsg. H. Ehrenreich und D. Turnbull, Academic Press (1994)
[90] C.V. Thompson und F. Spaepen, Acta metall. **31** (1983) 2021
[91] D.R. Uhlmann, Materials Science Research, Vol. 4, Plenum Press, New York (1969)
[92] P.I.K. Onorato und D.R. Uhlmann, J. Non-Cryst. Solids **22** (1976) 367
[93] K.F. Kelton und A.L. Greer, J. Non-Cryst. Solids **79** (1986) 295
[94] W.L. Johnson, in: ASM Handbook Vol. 18: Friction, Lubrication, and Wear Technology, ASM International, Metals Park (1992) 804
[95] M.F. Ashby, Materials Selection in Mechanical Design, Pergamon Press, Oxford (1993)
[96] L.A. Davis, Scripta Met. **9** (1975) 431
[97] L.A. Davis, in: Metallic Glasses, ASM, Metals Park (1978) 190
[98] A. Inoue, T. Zhang und T. Masumoto, Mat. Trans., JIM **31** (1990) 177
[99] L.E. Tanner und R. Ray, Scripta metall. **11** (1977) 783
[100] H.S. Chen, J.T. Krause und E. Coleman, J. Non-Cryst. Solids **18** (1975) 157

[101] H.-U. Künzi, Glassy Metals II: Atomic Structure und Dynamics, Electronic Structure, Magnetic Properties, Hrsg. H.J. Güntherodt und H. Beck, Springer, Berlin (1983)

[102] J.C.M. Li, Micromechanics of Deformation and Fracture, in: Metallic Glasses, ASM, Metals Park (1978) 224

[103] J.C.M. Li, Mechanical Properties of Rapidly Quenched Metals and Alloys

[104] T.R. Ananthaman und C. Suryanarayana, Rapidly Solidified Metals: A Technological Overview, Trans Tech Publications (1987)

[105] W.F. Hemminger und G.W.H. Höhne, Calorimetry, Verlag Chemie, Weinheim (1984)

[106] W.F. Hemminger und H.K. Cammenga, Methoden der thermischen Analyse, Springer, Berlin (1989)

[107] J.L. McNaughton und C.T. Mortimer, Registrierende Differenzialkalorimetrie, Perkin-Elmer & Co. GmbH, Überlingen

[108] G.W.H. Höhne, H.K. Cammenga, W. Eysel, E. Gmelin und W. Hemminger, PTB-Mitteilungen **100** (1990) 25

[109] DSC7 Users Manual, Perkin-Elmer Corporation, Norwalk (1993)

[110] H. Suzuki und B. Wunderlich, J. Thermal. Anal. **29** (1984) 1369

[111] DMA7e Users Manual, Perkin-Elmer Corporation, Norwalk (1994)

[112] F.R. Schwarzl, Polymermechanik, Springer, Berlin (1990)

[113] H.M. Pollock, in: ASM Handbook Vol. 18: Friction Lubrication, and Wear Technology, ASM International (1992)

[114] A. Kehrel, Bestimmung mechanischer Eigenschaften auf mikroskopischer Skala mit Hilfe der Nanoindentations-Technik, Dissertation, TU Berlin (1994)

[115] R.E. Dinnebier, Enraf-Gufi 1.05, Mineralisch-Petrographisches Institut, Universität Heidelberg (1993)

[116] A. Peker, Thesis, California Institute of Technology, Pasadena (1994)

[117] R. Busch, Y.J. Kim und W.L. Johnson, J. Appl. Phys. **77** (1995) 458

[118] W.L. Johnson, private Mitteilung

[119] M.-P. Macht, private Mitteilung

[120] C.-P.P. Chou und D. Turnbull, J. Non-Cryst. Solids **17** (1975) 169

[121] H.S. Chen, Mater. Sci. Eng. **23** (1976) 151

[122] C.O. Kim und W.L. Johnson, Phys. Rev. **B 23** (1981) 143

[123] L.E. Tanner und R. Ray, Scripta metall. **14** (1980) 657

[124] L. Kaufman und L.E. Tanner, CALPHAD **3** (1979) 91
[125] U. Geyer, S. Schneider, W.L. Johnson, Y. Qiu, T.A. Tombrello und M.-P. Macht, Phys. Rev. Lett., im Druck
[126] A. Sagel, Diplomarbeit, TU Berlin (1995)
[127] H.J. Fecht, S.G. Klose und M.-P. Macht, Proceedings of the 2nd Pacific Rim International Conference on Advanced Materials und Processing (1995) 2155
[128] R. Hasegawa und L.E. Tanner, J. Appl. Phys. **49** (1978) 1196
[129] L.E. Tanner und R.Ray, Scripta metall. **27** (1979) 1727
[130] W. Ostwald, Z. Phys. Chem. **22** (1897) 289
[131] T.B. Massalski, H. Okamoto, P.R. Subramanian und L. Kacprzak, Binary Alloy Phase Diagrams, ASM International, Materials Park (1990)
[132] N. Saunders, A.P. Miodownik und L.E. Tanner, Rapidly Quenched Metals, Hrsg. S. Steeb und H. Warlimont, Elsevier Science Publishers B.V. (1985) 191
[133] L.E. Tanner und B.C. Giessen, Metall. Trans. **9A** (1978) 67
[134] M.G. Frohberg, Thermodynamik für Werkstoffingenieure und Metallurgen, Deutscher Verlag der Grundstoffindustrie, Leipzig (1994)
[135] P. Haasen, Physikalische Metallkunde, Springer, Berlin (1974)
[136] S.S. Tsao und F. Spaepen, Acta metall. **33** (1985) 881
[137] C.A. Volkert und F. Spaepen, Mat. Sci. Eng. **97** (1988) 449
[138] R. Rambousky, M. Moske und K. Samwer, in: Mat. Sci. Forum **179-181** (1995) 761
[139] A.E. Lord und J. Steinberg, J. Appl. Phys. **54** (1983) 6038
[140] C. Barrett und T.B. Massalski, Structure of Metals, Pergamon Press, Oxford (1980)
[141] H.S. Chen, J.T. Krause und E.A. Sigety, J. Non-Cryst. Solids **13** (1973) 321
[142] M. Hillert, in: Rapidly Solidified Amorphous and Crystalline Alloys, Hrsg. B.H. Kear, B.C. Giessen und M. Cohen, Elsevier Science Publishing Co., New York (1982) 3
[143] J.U. Madsen und R.M.J. Cotterill, Phys. Lett. **83A** (1981) 219
[144] H.A. Bruck, T. Christman, A.J. Rosakis und W.L. Johnson, Scripta metall. **30** (1994) 429
[145] G.E. Dieter, Mechanical Metallurgy, McGraw-Hill (1976)
[146] E.A. Brandes und E.B. Brook, Smithells Metals Reference Book, Butterworth-Heinemann, Oxford (1992)
[147] R. Brüning und K. Samwer, Phys. Rev. **B 46** (1992) 11318

[148] H.J. Fecht, J.H. Perepezko, M.C. Lee und W.L. Johnson, J. Appl. Phys. **68** (1990) 4494

[149] H.J. Fecht, J. Mater. Sci. Eng. **A133** (1991) 443

[150] S.G. Klose und H.J. Fecht, Mat. Sci. Eng. **A179/180** (1994) 77

[151] P. Ramachandra Rao, Trans. Japan. Inst. Met. **21** (1980) 248

[152] P. Ramachandra Rao, Key Eng. Mat. **13-15** (1987) 195

[153] F. Sommer, Mat. Sci. Eng. **A178** (1994) 51

[154] K.S. Dubey und P. Ramachandra Rao, Int. J. Rap. Solid. **1** (1984-85) 1

[155] H.J. Fecht, Mat. Sci. Eng. **A179/180** (1994) 491

[156] J.S. Paik, Thesis, University of Wisconsin, Madison (1981)

[157] G. Wilde, G.P. Görler, R. Willnecker und G. Dietz, Appl. Phys. Lett. **65** (1994) 397

[158] S.G. Klose, P.S. Frankwicz und H.J. Fecht, Mat. Sci. Forum **179-181** (1995) 729

[159] A.J. Drehman, A.L. Greer und D. Turnbull, Appl. Phys. Lett. **41** (1982) 716

[160] H.W. Kui, A.L. Greer und D. Turnbull, Appl. Phys. Lett. **45** (1984) 615

[161] U. Buchenau, in: Physik der Polymere, KFA, Jülich (1991)

[162] W.M. Saslow, Phys. Rev. **B 37** (1988) 676

[163] G.E.R. Schulze, Metallphysik, Akademie-Verlag, Berlin (1967)

[164] M. Grimsditch und L.M. Torell, in: Dynamics of Disordered Materials, Hrsg. D. Richter, A.J. Dianoux, W. Petry und J. Teixeira, Springer, Berlin (1989) 196

[165] G.P. Johari, in: Molecular Dynamics and Relaxation Phenomena, Hrsg. T. Dorfmüller und G. Williams, Springer, Berlin (1987) 90

[166] H. Sugiyama, J. Kaneko und M. Sugamata, Mat. Sci. Forum **88-90** (1992) 361

Verzeichnis der wichtigsten verwendeten Abkürzungen

A	(Material-) Konstante
A_V	Keimbildungsvorfaktor
α_l	linearer Wärmeausdehnungskoeffizient
α_V	Volumenausdehnungskoeffizient
α_m	Strukturkonstante
a_0	atomarer Durchmesser
B	(Material-) Konstante
c_p	Wärmekapazität
Δc_p	Wärmekapazitätsdifferenz
C	(Material-) Konstante
D	Diffusionskonstante
	(Material-) Konstante
e_h	atomare Lochbildungsenergie
E	Aktivierungsenergieterm
	Elastizitätsmodul
$f(\theta)$	Benetzungsfunktion
$f(T,t)$	temperatur- und zeitabhängiger umgesetzter Materialanteil
F	Last (Kraft)
g	Index für den Glaszustand
$g(T)$	Löcheranteil
G	Gibbssche Freie Enthalpie
G_v	Gibbssche Freie Enthalpie, normiert auf das Volumen
ΔG^*	kritische Gibbssche Freie Enthalpiedifferenz für Keimbildung
Γ	Relaxationszeit
h	Durchbiegung
H	Enthalpie
	Härte
ΔH_f	Schmelzenthalpie
η	Viskosität
η_0	Anfangsviskosität
η_{eq}	Gleichgewichtsviskosität
I_V	Keimbildungsrate
k	Frequenzfaktor
	Ratenkonstante
k_B	Boltzmann-Konstante

κ_T	isotherme Kompressibilität
l	Index für die flüssige Phase (Schmelze)
μ	Fließspannung
ν	Poisson-Zahl
n	Avramikoeffizient
	Volumenverhältnis Atomvolumen/Lochvolumen
N_A	Avogadrokonstante
p	Druck
Q	Aktivierungsenergie
R	Heizrate
	Gaskonstante
σ^{xl}	Grenzflächenspannung, kristallin-flüssig
σ	mechanische Spannung
σ_y	Zugfestigkeit
S	Entropie
S_c	Konfigurationsentropie
ΔS_f	Schmelzentropie
τ	Transiente
$\tau_{0.5}$	Umwandlungszeit für 50% der Gesamtmenge
θ	Winkel
t	Zeit
T	Temperatur
T_g	Glastemperatur
T_{g0}	ideale Glastemperatur
$T_{\Delta S=0}$	isentrope Temperatur
$T_{\Delta V=0}$	isochore Temperatur
T_K^e	isentrope Temperatur für reines Element
T_m	Schmelztemperatur
T_E	eutektische Temperatur
T_p	Peaktemperatur
u(T)	temperaturabhängige Wachstumsgeschwindigkeit
v_a	atomares Volumen
v_h	Lochvolumen
V	Volumen
V_m	Molvolumen
x	Index für die kristalline Phase

Danksagung

Herrn Prof. Dr. H.-J. Fecht danke ich für die sehr interessante Themenstellung und die gute Betreuung dieser Arbeit. Mein besonderer Dank gilt den vielen fruchtbaren, gemeinsamen und offenen Diskussionen, die zum einen viele Probleme klärten, aber auch neue aufwarfen und gleichzeitig die Zielsetzungen dieser Arbeit motivierten. Ich bedanke mich bei Ihm besonders für das mir stets uneingeschränkt entgegengebrachte Vertrauen.

Herrn Prof. Dr. M. G. Frohberg danke ich sehr herzlich für sein Interesse an dieser Arbeit, seine Unterstützung während der Entstehung des Manuskripts und für die freundliche Übernahme des Koreferats.

Herrn Prof. Dr. K. Samwer danke ich für die sehr freundliche Aufnahme in das Augsburger Institut für Physik, die großzügige Nutzung aller Anlagen des im Aufbau begriffenen Lehrstuhles für Experimentalphysik I und sein stetes Interesse für alle experimentellen Probleme und Fragen im Anfangsstadium dieser Arbeit.

Herrn Dr. M.-P. Macht möchte ich für die Herstellung und großzügige Überlassung vieler Materialproben, sein persönliches, freundschaftliches Interesse und die stete Diskussion experimenteller und theoretischer Fragen während des Fortgangs dieser Arbeit in Berlin danken.

Insbesondere bedanke ich mich bei Herrn Dipl.-Phys. C.H. Moelle, der sowohl in Augsburg als auch in Berlin bei Planung und Aufbau neuer Anlagen und der Durchführung der Experimente mit Rat und Tat zur Seite stand. Für eine Vielzahl von Anregungen, seine Diskussionsbeiträge und die gute Zusammenarbeit während der gemeinsamen Zeit in München, Augsburg und Berlin bin ich ihm sehr verbunden.

Herrn cand. Ing. A. Sagel danke ich für seine freundschaftliche Unterstützung beim Entstehen dieser Arbeit in Berlin und sein Engagement in Vorbereitung, Durchführung und Auswertung vieler Messungen.

Den Berliner Kollegen Herrn Dr. P.S. Frankwicz, Dr. R.K. Wunderlich und Herrn Dipl. Ing. G. Baumann bin ich für manche Diskussion und Mithilfe beim Aufbau neuer Apparaturen, Herrn Dipl. Ing. I. Zhong für die Messungen am Nanoindenter dankbar.

Den Mitarbeitern des Lehrstuhles für Experimentalphysik I in Augsburg und des Instituts für Metallforschung/Metallphysik in Berlin möchte ich für ihre Unterstützung danken.

Lebenslauf

Geb. 30.06.1965 in München, Alter: 30 Jahre, verheiratet, 1 Kind
Eltern: Renate Klose, Dr. Heinz G. Klose
Anschrift der Eltern: Sustrisstraße 10a, 85049 Ingolstadt

Ausbildung:	8/71 - 12/73	Grundschule, Gelsenkirchen
	1/74 - 7/75	Grundschule, Münchsmünster
	9/75 - 6/84	Schyren-Gymnasium, Pfaffenhofen/Ilm, Abiturnote 1.4 („sehr gut")
	7/84 - 9/85	Grundwehrdienst beim Heer, 1.PzGrenBtl 562, Neuburg/Donau
	11/85 - 6/91	Studium der Physik an der Technischen Universität München, Studienrichtung: Allgemeine Physik, Abschluß: Diplom, mit Auszeichnung bestanden.
	9/91 - 4/93	Wissenschaftlicher Mitarbeiter bei Prof. Dr. H.J. Fecht, Institut für Physik/Metallphysik und Physikalische Chemie, Universität Augsburg
	5/93 - heute	Wissenschaftlicher Assistent bei Prof. Dr. H.J. Fecht, Institut für Metallforschung, Technische Universität Berlin
Praktika:	3/87	BP-Raffinerie Vohburg/Donau, Zentralwerkstatt
	10/87	MAN-Technologie München, Werkstoffkunde
	3/88 - 4/88	MAN-Technologie München, Konzeptstudien für den Einsatz von Werkstoffen in der Raumfahrt
	9/88 - 10/88	MAN-Technologie München, Werkstoffprüfung
Stipendium:		Stipendiat in der Begabtenförderung der Konrad-Adenauer-Stiftung (IBK) von 11/85 - 7/91

FSC
www.fsc.org
MIX
Papier | Fördert
gute Waldnutzung
FSC® C083411